食尚小米·著

浙江出版联合集团
浙江科学技术出版社

图书在版编目(CIP)数据

食尚小米·我的素食生活 / 食尚小米著. —杭州：浙江科学技术出版社，2014.3
ISBN 978-7-5341-5929-9

Ⅰ. ①食… Ⅱ. ①食… Ⅲ. ①素菜—菜谱
Ⅳ. ①TS972.123

中国版本图书馆 CIP 数据核字(2014)第 016996 号

书　　名 食尚小米·我的素食生活
著　　者 食尚小米

出版发行 **浙江科学技术出版社**
杭州市体育场路 347 号　邮政编码:310006
联系电话:0571-85058048
浙江出版联合集团网址:http://www.zjcb.com
图文制作 杭州兴邦电子印务有限公司
印　　刷 杭州丰源印刷有限公司
经　　销 全国各地新华书店

开　　本 787×1092　1/16　　**印　张** 10.25
字　　数 150 000
版　　次 2014 年 3 月第 1 版　　2014 年 3 月第 1 次印刷
书　　号 ISBN 978-7-5341-5929-9　　**定　价** 38.00 元

责任编辑 梁　峥　王巧玲　　**责任印务** 徐忠雷　　**责任美编** 金　晖
责任校对 宋　东　　**特约编辑** 张　丽

序 | PREFACE

一直想写一本关于"素食"的书，主要原因是近来我发现自己越来越爱吃素食，似乎味蕾在大鱼大肉间更爱寻找素食那种本质的清香！当然，其中有一部分是身体原因，随着年龄的增长，吃饭已经没有了年少时狼吞虎咽的气势，更多的是一家人或朋友吃饭叙旧，五味杂陈后觉得清淡原味才是生活的本质。吃素食能获得身心的舒畅，心境也会变得平和，甚至在吃了几天素食后，会有身轻、皮肤也不起痘痘的排毒感觉。

不过我的这些"素食"并不是严格意义上的"素食"。纯素食主义是指不食肉、海鲜等动物食品，戒食奶制品和蜂蜜，甚至我们平时用的葱、姜、蒜、韭菜等带有辛辣味道并且有刺激作用的调味品即小五荤也不能食用，那样更像是斋，也就是修行的人吃的食物。如果单纯从全面营养的角度来说，这种饮食搭配稍显单调，因此这本书更多的是以一个极其普通的饮食者的角度来写的素食，戒除了大五荤，为了让素食味道更美味而保留了小五荤，并不是纯素食主义。因为现代人生活节奏快，缺乏锻炼，针对出去吃饭油水太足的这些因素写的这本素食书，更多的是为了帮助我们调节身体，定期或者不定期地用素食清理肠胃，慢慢把饮食变得更原味清淡，让身体更为清爽。

当然出这本书的目的除了以上我所说的，还希望可以转变大家觉得素食不好吃、不好看、不够味、不下饭、不过瘾的这些观念，让您在家自己也能做出顺心、可口、营养甚至漂亮的素食，觉得做饭和吃素食完全是个享受的过程！

食尚小米

目录 | CONTENTS

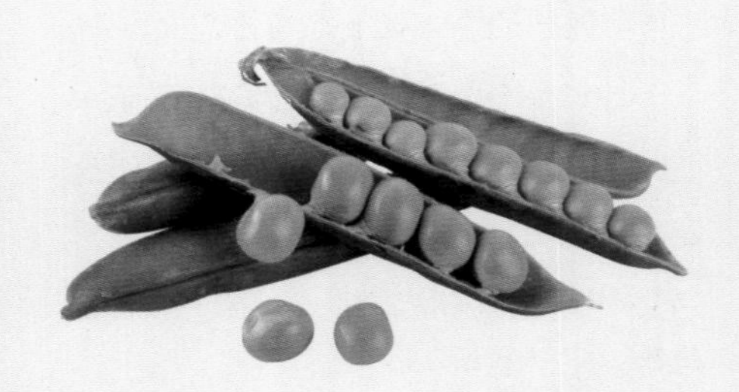

Part 1 素菜里的奇珍——菌菇

Part 2 素菜里的“荤菜”——豆腐

Part 3 精致凉拌菜

Part 4　美味下饭菜

Part 5　排毒蔬菜

Part 6　滋补汤羹

Part 7　健康主食

Part 8　零七碎八的素食

分享一点收拾厨房的好方法——养成收纳好习惯

工具一览

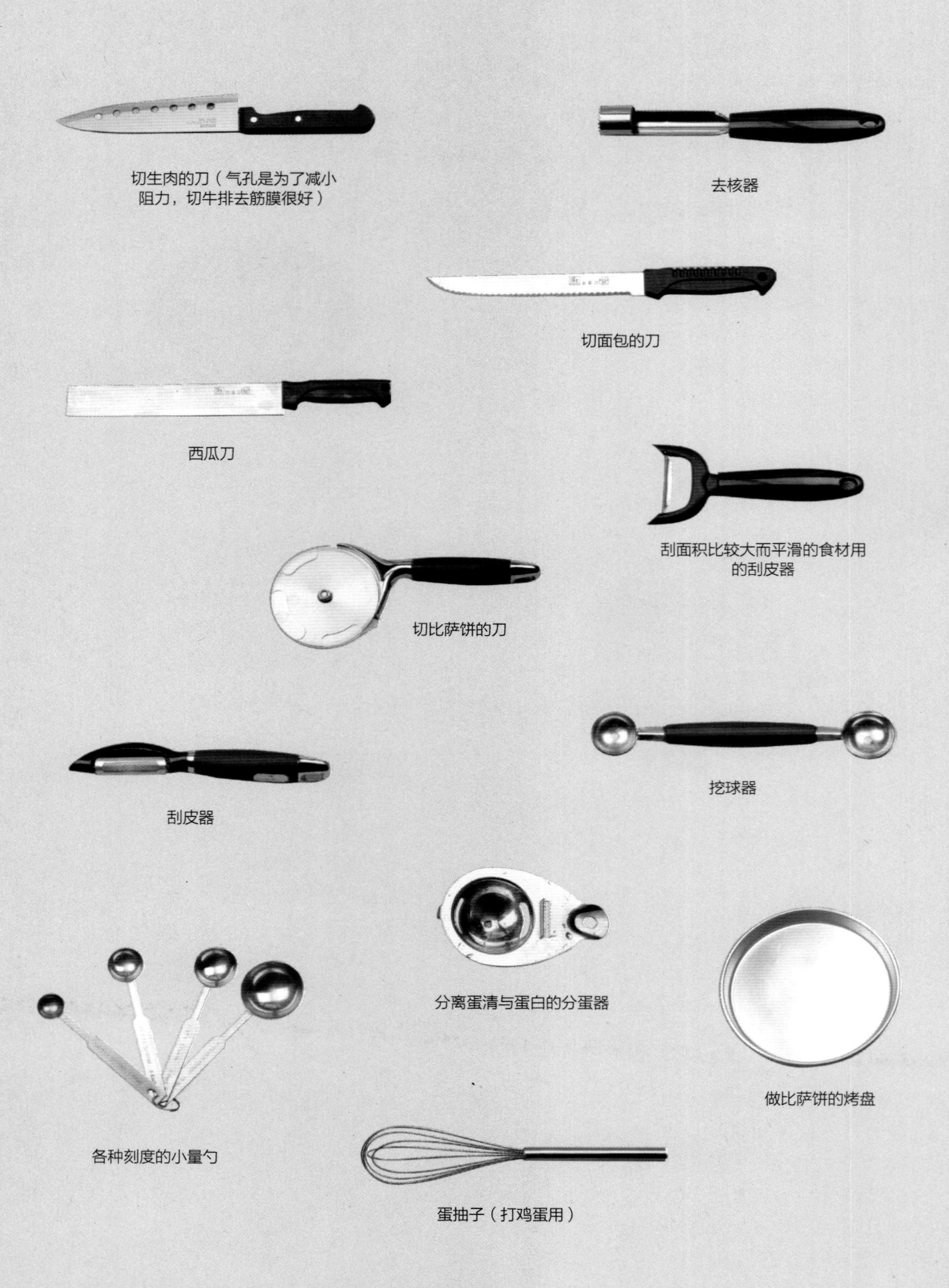

切生肉的刀（气孔是为了减小阻力，切牛排去筋膜很好）

去核器

切面包的刀

西瓜刀

刮面积比较大而平滑的食材用的刮皮器

切比萨饼的刀

挖球器

刮皮器

分离蛋清与蛋白的分蛋器

做比萨饼的烤盘

各种刻度的小量勺

蛋抽子（打鸡蛋用）

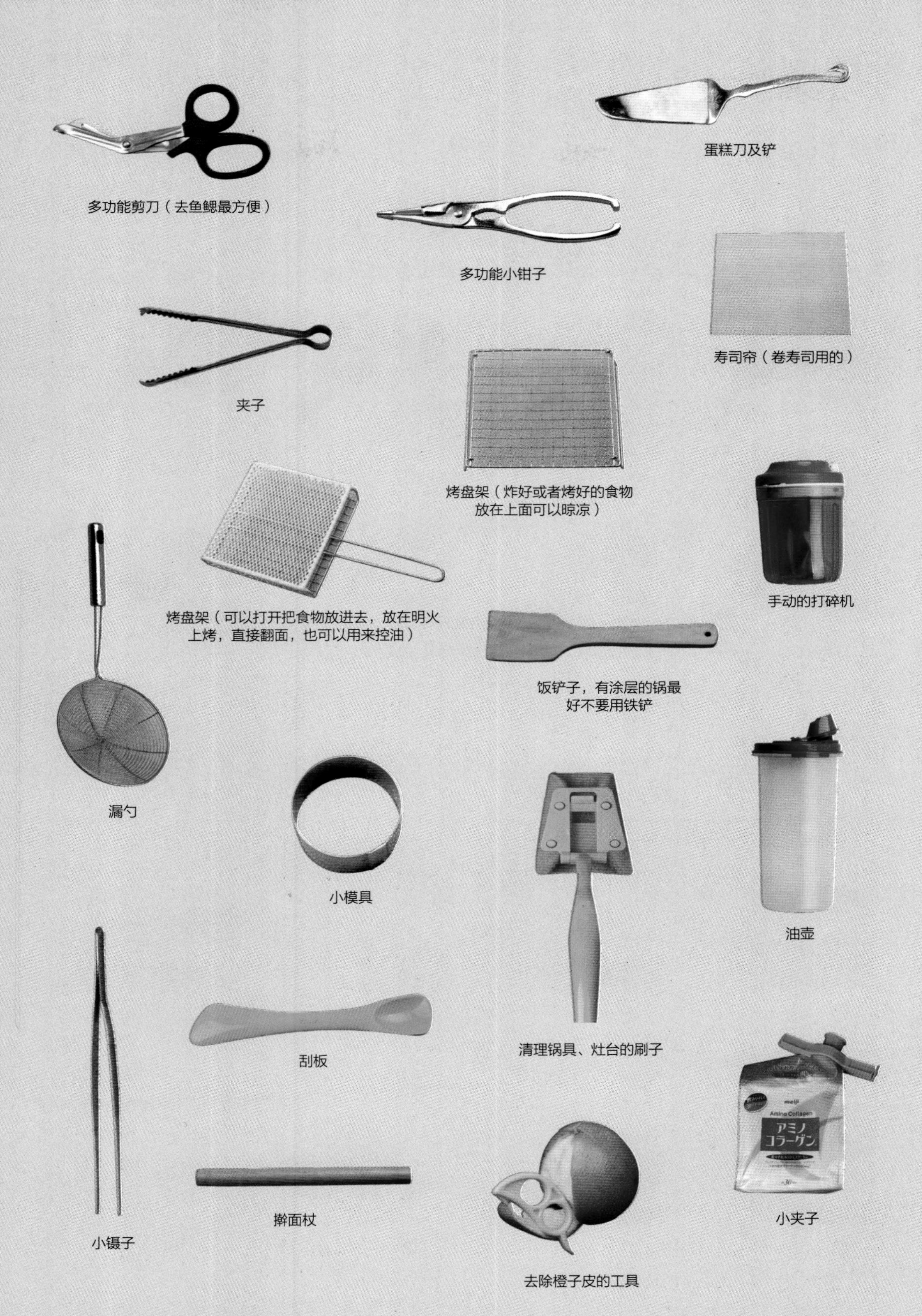

多功能剪刀（去鱼鳃最方便）

蛋糕刀及铲

多功能小钳子

寿司帘（卷寿司用的）

夹子

烤盘架（炸好或者烤好的食物放在上面可以晾凉）

手动的打碎机

烤盘架（可以打开把食物放进去，放在明火上烤，直接翻面，也可以用来控油）

饭铲子，有涂层的锅最好不要用铁铲

漏勺

小模具

油壶

清理锅具、灶台的刷子

刮板

小镊子

擀面杖

小夹子

去除橙子皮的工具

一些基本刀工

香菇花切法

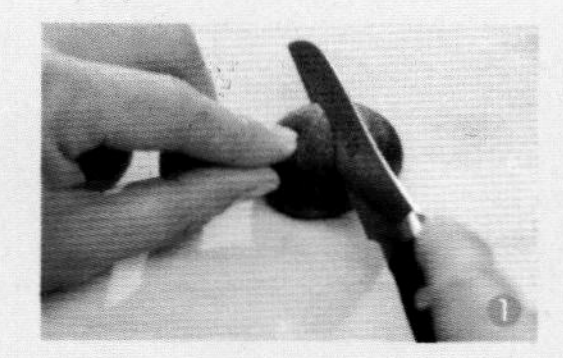

1. 香菇去除根部，只留香菇帽。

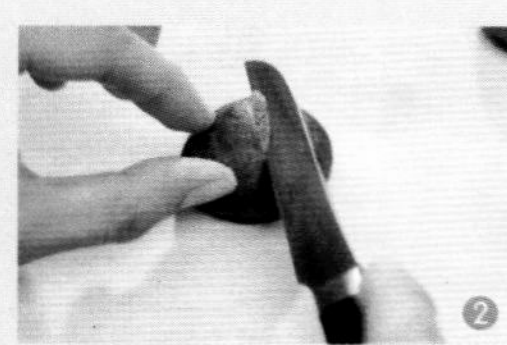

2. 如图所示刀稍稍右倾切一下。

3. 如图所示再一刀，切下一条。

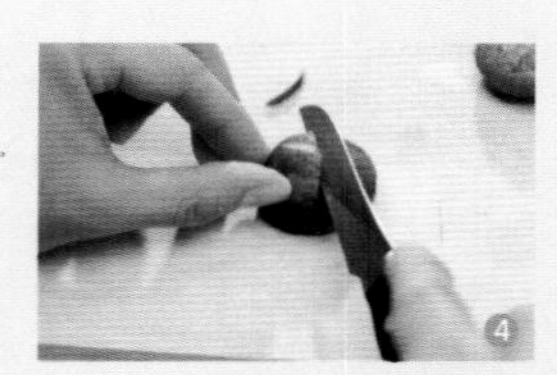

4. 切出来的就是香菇花的一条。

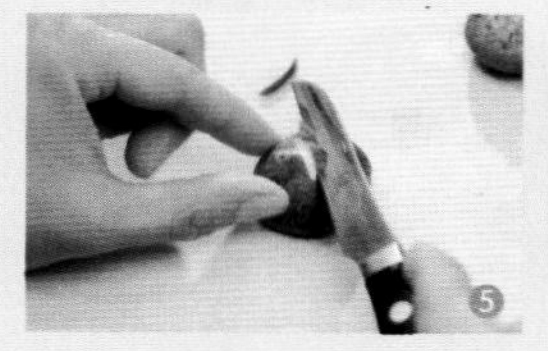

5. 把香菇调个，切另一刀。

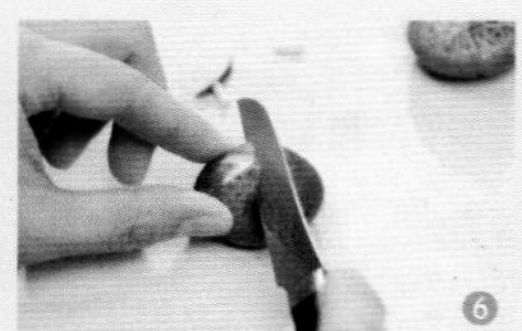

6. 然后再切另一刀，切的时候保持所有刀入香菇的深度一致。

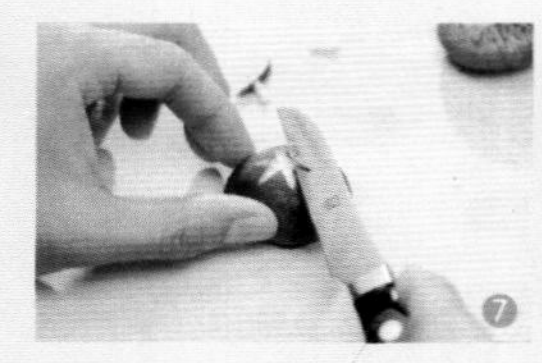

7. 如前面的切法再切一条。

8. 一个六瓣的小花就出现在香菇上了。

番茄的切法

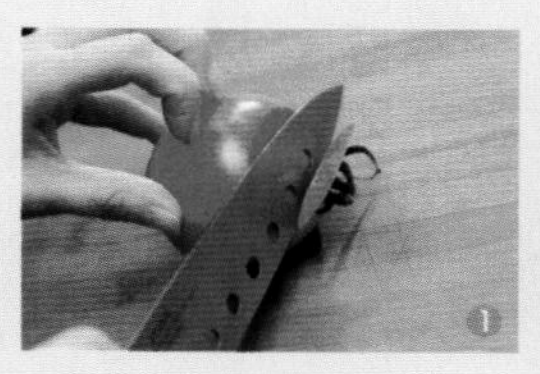

1. 番茄去除底部。

2. 将去除底部的番茄一切为二。

3. 拿出一半放倒切片。

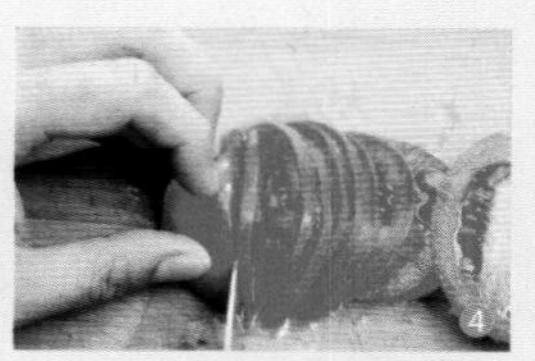

4. 片的薄厚可根据你做什么菜来决定，比如凉拌就可以薄点，做汤就稍稍厚一点。

5. 切块就是将半个西红柿切成小块。

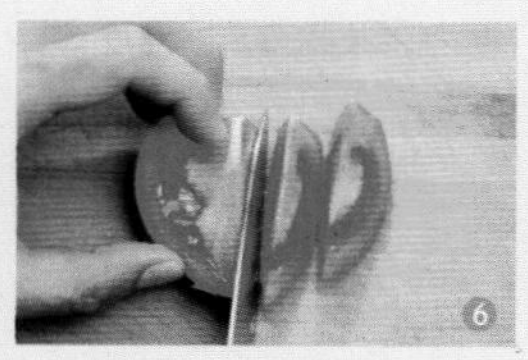

6. 大小均匀即可，可炒或者拌。

7. 切好的西红柿是不是特别让人有食欲啊？

甜蜜豆的处理方法

1. 如图所示，将甜蜜豆一头剪一个小口。

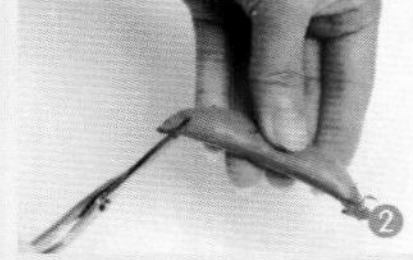

2. 再调转位置剪另一刀。

3. 甜蜜豆上出现一个小三角口子。

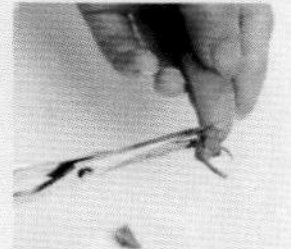

4. 取甜蜜豆另一端，如图所示剪成一个小三角。

5. 这样的甜蜜豆像不像一条小鱼呢？做出来的菜也就更漂亮了。

芹菜的切法

1. 芹菜有粗有细，比较粗的就一切为二，切成长短均匀的段。

2. 这样切的芹菜比较适合炒，切成短点的段比较适合拌着吃。

芒果的切法

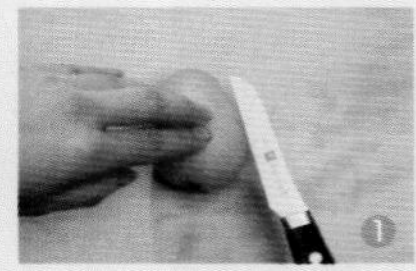

1. 芒果放平，用刀平片过去。

2. 左手要用力按住。

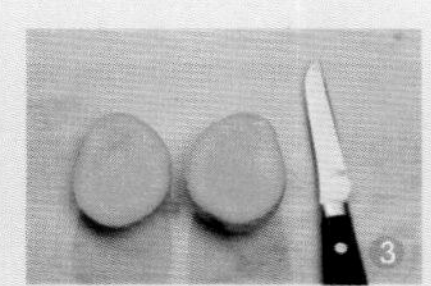

3. 切开的芒果。

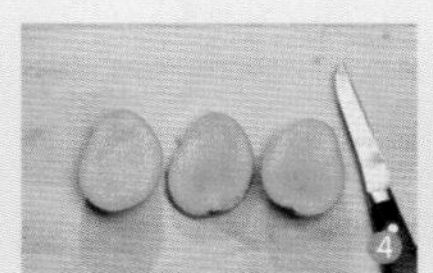

4. 将芒果的核也如上面的刀法片出来。

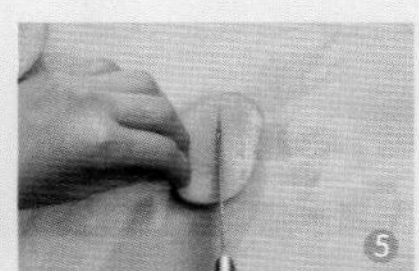

5. 在芒果肉上斜刀划出花纹，切到底，不要把皮划破。

6. 然后交叉切出花纹，两半都如此。

7. 将切好的芒果肉翻一下。

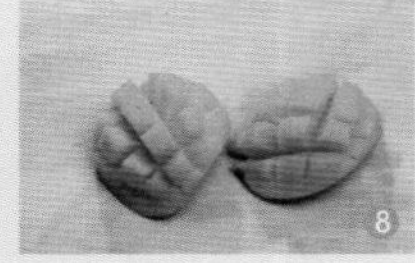

8. 如图所示，是不是特别漂亮？

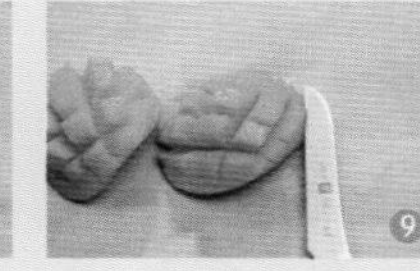

9. 如果取块就要用刀从芒果底部片过。

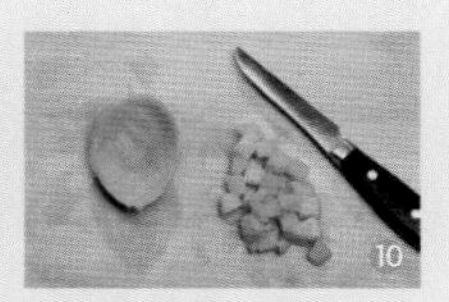

10. 成为芒果块。

土豆丝的切法

1. 用刮皮器将土豆皮去除。

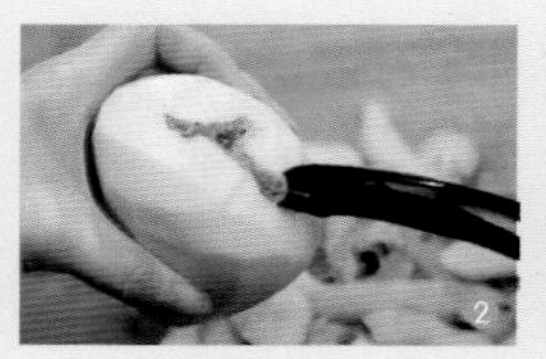

2. 土豆表面的疤痕用刮皮器顶部去除。

3. 将土豆放倒，切成薄薄的土豆片。

4. 将土豆片整齐地码好，切成丝。

胡萝卜丝和末的切法

1. 胡萝卜切成段，先将段片一刀，这样适合放倒切。

2. 将片好的胡萝卜段放平，切成均匀的薄片。

3. 把胡萝卜片码平，切成细细的丝，如果炒，用这种丝就行了。

4. 切末就摆好丝，切成末，这样的末可以做馅儿或者炸素丸子用。

胡萝卜蝴蝶的切法

1. 取胡萝卜，刮去皮，切成2厘米左右的段。

2. 去除两端。

3. 如图所示再切两刀。

4. 取里面的梯形。

5. 切成如图所示的模样。

6. 如图所示调整一下蝴蝶的样子。

7. 将蝴蝶块状的胡萝卜切成薄片。

8. 当然你喜欢厚点的蝴蝶或者薄点的蝴蝶都可以。

Part 1 素菜里的奇珍 菌菇

从小一听到《采蘑菇的小姑娘》这首歌，就老是想到清晨森林里带露水的鲜蘑菇，嫩得不敢使劲拿，只能轻拿轻放，那泥土的芬芳、露水的滋润甚至松枝的香气都毫不夸张地保留在蘑菇里。有人说蘑菇是除了酸甜苦辣咸以外的第六种味道，那就是一个字“鲜”，我觉得这话一点也不夸张。蘑菇是大自然赋予我们最好的礼物，带着泥土的湿润、青草的芳香及一些我们无法形容的神秘感，当它们与其他食物一同烹饪时，绝对是很好的“鲜味补给”。所以我在炖汤的时候喜欢撒上把蘑菇，在涮锅的时候撒上把蘑菇，在包饺子做馅儿的时候撒上把蘑菇，就是在寻求那些蘑菇带来的无法言喻的鲜味吧。

汁浓肉厚

照烧杏鲍菇

我有时素菜吃久了，觉得嘴里味道寡淡，但还是不想吃那些荤菜，就用蘑菇调节。蘑菇的味道很特殊，我一直认为蘑菇是大自然赐予我们最好的礼物之一。仿佛吸足了天地间的精气，带着田野的芬芳，如此这般地落入人间，美好得令人难忘！

材料　杏鲍菇7根，葱3克，姜3克，照烧汁10克，酱油5克，蜂蜜5克，清水少许

做法

1. 杏鲍菇切成两半，葱姜切末。
2. 锅烧热，下少许油，然后入杏鲍菇翻炒。杏鲍菇肉厚，要把杏鲍菇的水分煸炒出来，需煸炒至杏鲍菇表面微微发黄。
3. 杏鲍菇盛出，不用放油，直接放入葱姜煸炒出香味。
4. 倒入杏鲍菇。
5. 倒入照烧汁。
6. 加少许酱油，少许清水，出锅前倒点蜂蜜继续翻炒。
7. 盖盖焖到只剩一点浓稠的汁即可。

小米提示

杏鲍菇本身口感特别好，肉厚，切片后适合炒菜，切块后适合炖菜，而且特别有嚼劲。另外照烧汁可能会有朋友觉得少见，但是喜欢吃素菜的朋友们还是要准备这样的调料汁，很有用处。家里备着点，随时炖煮都很提味。

酸爽过瘾

冬阴功香菇

如果说这是我最爱的蘑菇菜一点也不为过。我特别喜欢香菇，干的也好，鲜的也好，从口感上我喜欢它略带个性的味道，和微微弹牙的感觉。加上冬阴功酱的搭配，没有磨灭它本身的味道，反而相得益彰，这应该算是一道充满惊喜的菜了！

材料 香菇200克，大葱10克，冬阴功酱10克

做法

1. 香菇洗净，去除底部，只用香菇帽，切成条，葱切末。
2. 将香菇放入锅内，倒入凉水，水开后煮2分钟，将香菇捞出沥干水分。
3. 锅内倒入少许油，放入葱姜末，加入冬阴功酱煸炒一下。
4. 放入香菇。
5. 炒至每个香菇表面都裹上冬阴功酱盛出即可。

小米提示

实际上这是一道比较偷懒的菜，但是味道一点都不输于任何大菜。首先是特别过瘾的一道菜，其次香菇真的特别适合冬阴功酱，每一个香菇都裹满了酸辣的味道，加上香菇特别的香气，吃起来很美味，当然如果你喜欢汤多点也可以多加些水，这样就可以半汤半菜。

另外就是关于前面做香菇的时候我强调一定凉水下锅，目的是将香菇上不好洗掉的脏东西用焯的方式洗掉。如果用热水下锅，那些脏东西一下就附着在香菇表面了，反而不容易洗掉。

味鲜得一滴都不剩下

蚝油焖香菇

我特别喜欢蚝油的味道，不知道为什么，我总觉得蚝油和香菇它们俩是绝配，香菇的味道有了蚝油的搭配越发好吃。我喜欢在收汁的时候稍稍留那么点汁，可以拌米饭或者蘸馒头吃，特别香，这种做法特别适合家宴或者朋友来的时候。如果您自己在家想要香菇更入味，可以将香菇切成小块或者条。

材料 香菇300克，葱5克，大蒜2瓣，蚝油10克

做法

1. 香菇去除底部，表面刻出花，在书前面的部分有详细介绍香菇花的切法，大家可以参考。
2. 葱切小段，蒜切末。
3. 香菇洗净凉水下锅，开锅煮2分钟捞出待用。
4. 锅内放少许油，煸香葱、蒜后加入少许蚝油。
5. 放入香菇，煸炒一下。
6. 加入少许水，转小火盖盖焖2分钟左右，至锅内的汁收干即可。

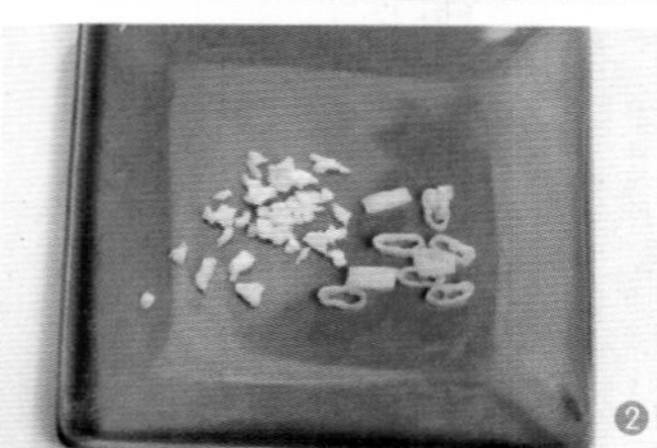

小米提示

我用的是鲜香菇，这道菜也可以用干香菇泡发后做，但相对鲜香菇来说炖的时间要长点。泡发的香菇最好要切一下，不要整个的，因为干香菇不如鲜香菇容易入味。

吃一口就停不下嘴

酱烤金针菇

第一次吃这道酱烤金针菇是某日我去济南出差，朋友带我去了一个烧烤的小馆，馆子不大，但人特多。朋友点了这道酱烤金针菇，一开始没在意，吃了几口觉得特别好吃，又接连要了两份儿。朋友和大厨也是多年的朋友，于是问了做法，大厨一点没藏着地全告诉了我，回家我又创新了一下，果真别有一番滋味！

材料　金针菇300克，红彩椒1个，BBQ酱15克（这是烤肉酱的调料，里面是不含肉的）

做法
1. 金针菇洗净去根部，红彩椒切小丁。
2. 烤盘上刷上油。
3. 将洗净沥干水分的金针菇码放在烤盘上。
4. 烤箱上下火175℃烤5分钟左右，至金针菇表面略显焦黄即可。
5. 将BBQ酱均匀地倒在金针菇上。
6. 撒上红彩椒，略烤2分钟即可。

小米提示

有的朋友可能觉得直接烤金针菇味道不太有保证，那么可以先将金针菇用开水焯一下再烤，不过我试过从口感来说还是直接烤更有味道。烤过的金针菇好像把鲜味都浓缩了一样，再加上咯吱咯吱的口感，简直一吃就停不了口。

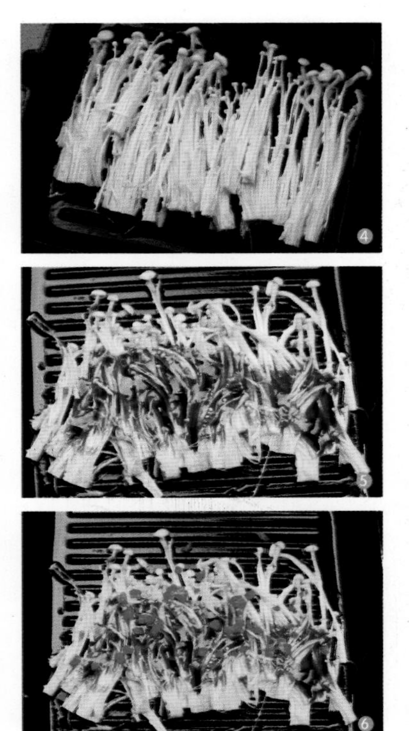

拌饭最佳选择

咖喱焖菇头

很多人说素菜不下饭，我从来不这样认为。其实只要做得好，别说下饭了，“饭遭殃”那也是常见的事。比如这道咖喱焖菇头，浇上浓厚的咖喱汁，再配上弹软绵香的米饭，我就可以吃掉两大碗米饭。或者用馒头蘸着咖喱汁蘑菇吃，一定不会让你觉得寡淡！

材料 口蘑300克，红彩椒1个，大蒜1瓣，咖喱酱20克

做法

1. 口蘑洗净，用盐水稍微泡一下，10分钟左右即可。红彩椒切块，大蒜切片。
2. 锅内倒入油，煸香大蒜和红彩椒。
3. 放入咖喱酱。
4. 放入口蘑。
5. 加入一碗水，转小火炖至收汁即可。

小米提示

这道菜我喜欢汤汁多点，这样拌米饭特别过瘾。而且我还喜欢吃里面的口蘑，不仅滑滑的，肉质也特别细腻。炖的时候可以加点土豆、胡萝卜，味道也不错。

蒜香十足

蒜油蘑菇

我觉得这道蒜油蘑菇特别适合冬天吃，除了我这种做成菜端上桌的吃法，还可以用铁板或者电饼铛，放在餐桌上随烤随吃，满屋子都是扑鼻的香味。不过口蘑有个缺点，就是看着个头挺大，肉挺厚，但烤完了容易缩水，不禁吃。有次几个朋友家里小聚，我用的就是铁板，烤了好几大盘，朋友们还说没过瘾，可见得有多好吃！

材料 口蘑200克，红彩椒1个，大蒜1瓣，酱油5克

做法

1. 口蘑切小片，大蒜切片，红彩椒切小条。
2. 铸铁锅或者平底锅烧热，刷上油。
3. 将大蒜码放在锅内。
4. 蘑菇、红彩椒倒入锅中。
5. 把火调小，慢慢用筷子将蘑菇码放平整。
6. 直至将蘑菇煸成图片的样子，翻面煸另一面，将少许酱油均匀地倒在蘑菇上，盛出即可。

小米提示

做这个蒜油蘑菇的时候，其实可以选择很多工具，电饼铛、烤箱或者平底锅都行。我用的是煎牛扒的铸铁锅，我特别喜欢用这个做，因为烤出来的蘑菇有纹理。同理烤杏鲍菇或者草菇都特别好吃。如果想吃西式点的口味，加上黑胡椒盐、不放酱油也很好吃，可以试试哦！

以假乱真

宫保杏鲍菇

曾经做这道菜给我家小妞吃，直到她吃完了一大盘子，我问她刚才吃的什么，妞说：“宫保鸡丁啊！”我大笑：“你被骗了，是宫保杏鲍菇。”小妞睁大了眼睛说：“也太像了，不过比鸡丁更好吃，杏鲍菇丁更嫩，更入味。”

材料 杏鲍菇2大朵，炸熟的花生米50克，葱5克，姜3克，花椒3克，小辣椒10克，醋3克，酱油3克，白糖3克，盐3克，料酒6克，水淀粉10克

做法

1. 葱、姜切末，小辣椒切段。
2. 用酱油、料酒、白糖、盐、水淀粉、醋提前调好碗芡。
3. 将切好丁的杏鲍菇焯水，捞出待用（杏鲍菇丁不要切得太小）。
4. 热锅温油，放入花椒煸香。
5. 放入葱、姜、辣椒煸炒出香味。
6. 放入焯好的杏鲍菇丁翻炒。
7. 煸炒2分钟后倒入提前调好的碗芡迅速翻炒均匀。
8. 倒入炸好的花生米翻炒均匀，即可出锅装盘。

小米提示

因为蘑菇本身特殊的口感和味道，吃起来有时候甚至可以有肉的味道，所以这种宫保的方法特别适合做蘑菇。举一反三也可以应用到其他蘑菇上，也是很好吃的，比起宫保鸡丁，蘑菇更嫩也更健康。

被称为“饭遭殃”的

干煸茶树菇

茶树菇是很有韧劲的蘑菇，干煸之后味道更为纯粹，下饭吃也很香。干煸算是素菜里的重口味，放了葱、蒜、辣椒调味，锅内就立马窜出来一股香气。我常常想，这种扑鼻的香气就是家的味道。热气腾腾地翻炒，配上焖得香喷喷的白米饭，这种生活虽然简单，却是一种来自心底的稳稳的幸福。

材料 茶树菇200克，红尖椒10克，葱10克，姜5克，大蒜1瓣，小茴香3克，花椒2克，大料1瓣，酱油5克

做法

1. 茶树菇洗净去根部，葱切段，姜、蒜切末，红尖椒剪成段。
2. 锅内倒入少许油，油热后放入葱、姜、蒜、花椒、大料、小茴香、红尖椒煸炒出香味。
3. 放入洗净去蒂的茶树菇。
4. 倒入酱油，不用加盐，酱油的咸味已经够了。
5. 转小火煸炒茶树菇，直至收完汤汁即可出锅。

小米提示

这道干煸茶树菇特别适合新鲜的茶树菇，做出来比较嫩，味道也鲜。最好不要用干茶树菇，哪怕泡发也不适合，那种茶树菇更适合炖菜。

Part 2

素菜里的“荤菜”豆腐

记得我小的时候物质算是匮乏，豆腐可就成了好东西。买豆腐时都是拿个小钢盆排队买，看热气腾腾的豆腐被均匀地切成小一点的块！多少钱一块儿说定价格，不用拿秤一块块称。赶早能买上，有时候去晚了售货员一看快没了就不让排队了。那时候的豆腐价格便宜又好吃，买回家后各种烹饪方法都可以用上。即使来了客人端出豆腐也绝不寒碜。冬日里搭配白菜，烧一锅白菜豆腐更是一家人围坐餐桌的举筷重点。儿时记忆里豆腐可是个当家菜，现如今物质丰富，豆腐因其质朴的味道和可爱娇嫩的外形依然受到大家的喜欢。豆腐大可进大席入馔，小可上平民百姓的餐桌。即使用高档食材配它，它也能不动声色地保存着自己的特质，秉承自己的尊严，让人不可小觑。随便搭上原料一起烹煮就是平民小菜，也可以独立成菜，总能为百姓餐桌上增添许多美味的回忆！

入味下饭

豆腐角

豆腐白白嫩嫩的外形，经典的味道，久煮入味，做法可凉拌、可煎、可炸、可炖、可煮、可独立成席，也可成为配菜，总之千变万化唯有豆腐。再有就是营养成分，它含有极为丰富的蛋白质，简直就是素菜里的“荤菜”。这道菜介绍的豆腐角可以有很多种搭配，建议在炸豆腐的时候，一次多炸出来一些放在盒子里，置于冰箱冷藏室保存，随吃随做，可以炖、煮、蒸、配菜，都是很好的选择，比新鲜的豆腐更易保存。

材料 豆腐300克，剁红辣椒10克，大蒜3瓣，香葱3根

做法

1 豆腐切成大三角形状。

2 香葱切段，蒜切成片。

3 平底锅内倒入少许油，锅一定要烧热，油温也要高，放入豆腐，煎至两面金黄拿出，用吸油纸垫在盘中，将豆腐角放在上面吸油。

4 锅内放少许油，放入葱段、蒜片、剁椒煸炒出香味。

5 加入豆腐角煸炒，放少许盐，出锅前撒上香葱段即可。

小米提示

在煎豆腐角的时候，最好用厨房用纸将豆腐表面的水分吸干净，这样下锅就不会外溅。另外在炒豆腐角的时候要少放点盐，因为剁椒本身带有咸味，如果喜欢汤多点可以加水、酱油、花椒、大料稍微炖煮一下。

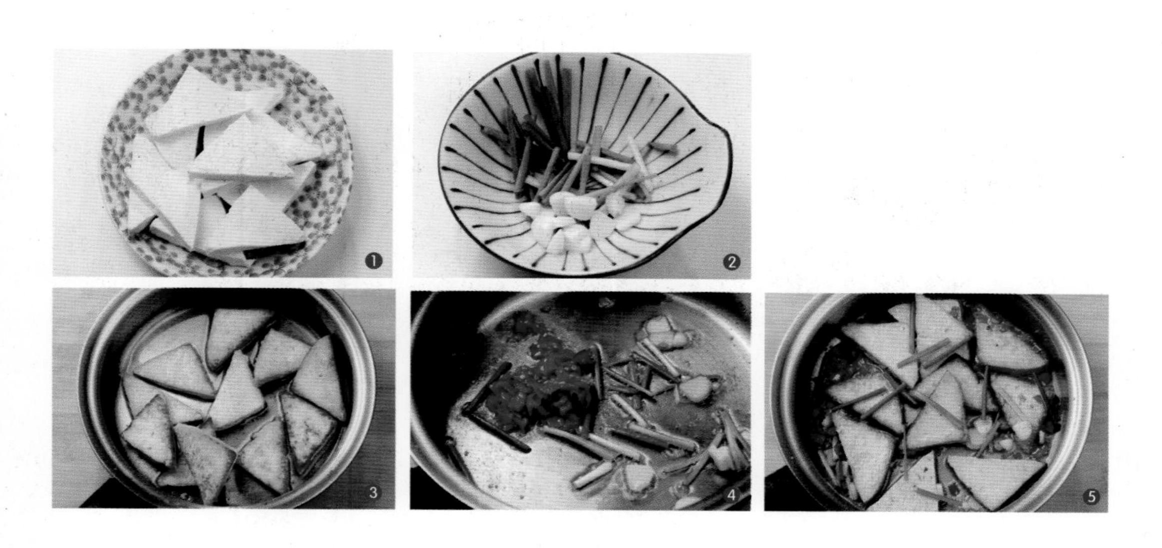

香辣过瘾

干煸腐皮

豆腐皮是豆腐的一种附属产品，豆腐皮有两种：一种是“挑”成的，也叫“油皮”、“腐竹”、“豆腐衣”，这种豆腐皮分为鲜的和干的，我做菜用的是鲜的豆腐皮；还有一种是压制而成的，与豆腐近似，但较薄（明显比油皮厚）、稍干，有时还要加盐，口味与豆腐有区别。二者虽都叫“豆腐皮”，但形状、成分、口味、菜肴做法都较大差别。

这道菜里的鲜豆腐皮我在涮火锅时特别喜欢吃。很多人以为它只有在火锅里味道超群，其实作为一道素菜也有很强的可塑性，一道干煸腐皮可以变换多种口味，不辣的、微辣的、超级辣的，完全可以根据自己的口味是小清新还是重口味来决定！

材料 新鲜豆腐皮300克，香葱1根，香菜3根，绿尖椒2个，红尖椒1个，酱油5克

做法

1. 新鲜豆腐皮切成片。
2. 香葱切小段，香菜切段，红绿尖椒切小段。
3. 锅内倒入少许油，放入红绿尖椒、葱段煸炒出香味。
4. 放入豆腐皮，快速煸炒直至煸炒出焦香。
5. 倒入酱油，大火收汁。
6. 撒香菜段后出锅即可。

小米提示

这道菜炒的时间不用过长，因为豆腐皮比较嫩。豆腐皮煸炒出焦香味吃的时候特别下饭。如果觉得辣味不够，还可以在煸炒豆腐皮前加入辣酱炒，再放入豆腐皮。不爱吃辣味的可以将红绿尖椒换成彩椒，味道特别清爽。

营养可口

海带烧豆腐

这是一款汤水菜，在日本，这就是一碗地道的下饭汤了，做法简单，味道不俗。关键这款汤水菜是一款治愈系的美食。每当我身体不舒服或者心情不好的时候，都期待来这么一碗海带烧豆腐，热热乎乎喝下去，发发汗，海带的鲜味被豆腐都吸收了，觉得喝起来特别上瘾，别提多鲜美了。后来我查了一下，营养学上这两款食材也确实是绝配。豆腐是好东西，但其中的物质易引起碘缺乏，常吃豆腐者，应该适当增加碘的摄入。而海带含碘丰富，将豆腐配上海带一起吃，可起到互补作用。

材料 海带150克，豆腐150克，香葱1根，蒜1瓣，味噌10克

做法

1. 豆腐切小块。
2. 海带洗净切片（我用的是鲜海带，用干海带也可以，提前泡发一下就行）。
3. 葱切成小段，蒜切成片。
4. 锅内放水，水开后放入豆腐、海带、香葱、蒜片。
5. 淋上味噌，汤开后转小火，炖5分钟即可。

小米提示

别小看这款汤，做法特别容易，但是特别好喝。貌似清汤白水，但是豆腐和海带煮出的鲜味加上味噌调味，喝了绝对会上瘾的。因为味噌比较咸，做的时候不用再加盐了。家里要是有小的酒精灯炉，可以点上边喝边加热，特别入味好吃。

小杨生煎馆

外焦里嫩

煎豆腐

老实说，如果香煎豆腐干这道菜摆在我身边，做多少我吃多少，可见其魅力无限。一是因为我对豆腐吃不腻，二是的确好吃。我有时候想，豆腐看着特别软，但它真具有多面性，换种做法，口味就发生变化了，时而软糯，时而韧性十足，时而入味，时而清淡，千面娇娃一般。比如这款香煎豆腐干就有嚼劲儿，特别过瘾。这东西特别解饿，通常煎好摆在吸油纸上晾凉，放在小盘子里，当零食吃，或者早饭来几片。因此每次我煎的时候都多煎些，这样也方便豆腐的保存。

材料 豆腐300克，小红尖椒2个，香葱2根，干淀粉10克，酱油5克，香油、醋各少许

做法

1. 将豆腐切成大片。
2. 把豆腐放入淀粉盘中，两面蘸上干淀粉。
3. 锅内倒入少许油，放入豆腐，将豆腐煎至两面金黄。
4. 将小红尖椒切小段，香葱切小段，放入酱油，将少许香油、醋做成调味汁洒在煎好的豆腐上即可。

小米提示

吃豆腐前大家一定要小心，有时候看似凉了但里面很烫。这款香煎豆腐干因为煎前拍了淀粉，所以煎出来的豆腐外焦里嫩，口感十分丰富。除了蘸汁吃，也可以撒少许盐、胡椒粉，又变成另外一种风格了。

连汤都不剩下

可乐豆腐

小时候家住在隆福寺附近，周围的小吃自然就成了我的另一个食堂。那会儿在隆福寺喝豆泡汤的时候有个漂亮的姑娘，每次我一去，让她给我盛豆泡汤，她都脸红，她都给我好多好多的豆泡，现如今估计已经变大姐了，早应该不再羞涩了。难忘的只有那碗豆泡汤，我时常想，如果没有肉，豆腐绝对可以解馋。这个可乐豆腐的配方来自网络，真心觉得好吃、入味。有句话说的好，千煮豆腐万煮鱼。豆腐吸足了可乐的味道，一口下去饱满入味。

材料 豆腐300克，可乐1听，姜5克，香葱5克，小红尖椒2个，生抽5克，盐2克，花椒粉适量

做法

1. 豆腐切成2厘米见方的块。
2. 姜切末，香葱切小段，红椒切小段。
3. 豆腐上撒上花椒粉、盐腌渍片刻。
4. 锅烧热，倒入少许油，将豆腐块煎炸至每面都呈金黄色。
5. 捞出豆腐留少许油，煸香姜末，然后放入煎好的豆腐块，加入可乐、生抽、小葱，中火烧透。
6. 开锅放入红椒圈，放盐进行调味，盐不宜放太多，因为刚才腌豆腐的时候已放过一次。
7. 小火收汁即可，让每块豆腐上都裹满汤汁。

小米提示

可乐入菜，微甜中兼有可乐的清香，有一种独特的鲜美味道，萦绕于齿唇之间。可乐鸡翅、可乐卤蛋、可乐鸡腿，好吃到让人久久回味。可乐豆腐入口劲道微甜，里面鲜嫩清香。豆腐的创新吃法，好吃到让人欲罢不能。

味蕾上的挑战

辣豆腐

很多人对于豆腐的评价超级高，有人说百种滋味、百吃不腻，有人说豆腐的营养赛过肉，总之在美食圈子里豆腐的地位一直甚高，颇有人缘。这道豆腐菜很下饭，很入味，由于吸足了辣酱的香味，加上豆腐本身软糯好吃的个性，成为餐桌上一道经典的美食。每次我拿出这道菜作为宴客菜的时候，都获得无数人的青睐，最后都吃得甚为干净。

材料 豆腐300克，香葱1根，泡椒3个，姜5克，大蒜3瓣，辣酱10克，盐少许

做法

1 豆腐切成小方片，用开水煮一下，码放在盛菜的盘中待用。

2 葱、姜切末，蒜切末，泡椒剁碎。

3 锅内倒入少许油，放入葱、姜、蒜煸炒出香味，再放入剁椒、辣酱炒出辣香味。

4 加入少许水，加入白糖、少许盐，小火熬成浓稠的辣酱。

5 将熬好的辣酱浇在豆腐上即可上桌。

小米提示

这道菜滋味很丰富，鲜甜辣香十分下饭。豆腐没有经过煸炒，十分软嫩。盐一定要少放，辣酱本身也是带咸味的。加入少许糖是点睛之笔，一下子就把辣味降低了很多。

过瘾够味

烧脆豆腐

这道烧脆豆腐现在是我餐桌上比较受欢迎的一道下饭豆腐菜了，说起来还是误打误撞的一道菜呢！有一次，我去菜市场买豆腐打算晚上用白菜、豆腐、粉丝做个热乎乎的煲，因为去晚了，新鲜的豆腐都没了，只剩下摆放得整整齐齐的圆片脆豆腐了，转念一想不如拿它试试，或许又能成就一道新菜呢！其实我当时想着这脆豆腐做菜肯定不难吃，因为脆豆腐特别嫩脆，身上都是小孔，可以吸收汤汁，无论炖菜、炒菜都特别入味。有人说分不清脆豆腐和冻豆腐的区别，我告诉您，冻豆腐比较干、柴，孔也比较大，所以特别适合做炖菜；而脆豆腐比较嫩，水分比较多，所以炒、烧、炖都是不错的选择。

材料 脆豆腐两张，洋葱半个，红彩椒1个，绿彩椒1个，大蒜2瓣，老干妈辣酱6克，酱油、白糖少许

做法

1. 脆豆腐切成块。
2. 洋葱切丝，红绿彩椒切成小块，蒜切片。
3. 锅内倒入少许油，油热后煸炒洋葱、大蒜出香味。
4. 倒入老干妈辣酱煸炒。
5. 放入脆豆腐，煸炒出脆豆腐的水分至微微有点干。
6. 加入小半碗水，稍微煮一会儿让脆豆腐入味。
7. 小火收汁，加一点点酱油、白糖调味即可。

小米提示

这款脆豆腐特别下饭，做法很简单，配菜也可以根据自己的喜好随意替换。老干妈辣酱比较油，所以做这道菜的时候可以少放点油。另外我觉得老干妈辣酱还是比较咸的，所以不用再单独加盐了，可以加少许糖调出鲜味。还有就是脆豆腐本身和普通豆腐不一样，不是软软的，而是比较嫩脆的，因此适合炒或者涮火锅来吃。

每一口都是享受

铁板豆腐

关于这道菜我其实不想说很多，因为这道菜实际上是一道色香味极具诱惑力的菜。口说无凭，只要您做一次，就会被这种全方位包围着的幸福感催生出做第二次、第三次的想法。

材料 豆腐300克，芝麻10克，毛豆50克，橙汁10克，洋葱半个，红尖椒2个，蒜1瓣，酱油5克，鲜辣椒酱6克，盐少许

工具 铁板（家里没有铁板的可以用电饼铛或者饼铛，平底锅也可以）

做法

1. 豆腐切成大片，吸干水分待用。
2. 锅内倒入水，水开后加入少许盐，放豆腐和毛豆煮2分钟捞出待用。
3. 洋葱切末，红椒切小段，蒜切末。
4. 铁板上倒上油，最好让铁板的每个角落上都有油，然后放到火上加热至铁板温度很高，能看到油已经冒热气了。
5. 将煮好的豆腐小心地码在铁板上，涂匀辣椒酱，放上洋葱、蒜末、红尖椒，均匀地撒上橙汁。
6. 这时候将芝麻研磨成芝麻粉。
7. 撒在铁板豆腐上即可。

小米提示

做这道菜的时候，一定要先确定铁板的大小，将豆腐切成和铁板大小一致，这样做出来的豆腐特别漂亮。煎过的豆腐一面嫩，一面焦，辣香的口感，加上放了少许橙汁，有点甜甜的果香。耳朵里听着豆腐在铁板上嘶嘶的声音，鼻子里闻着豆腐的香气，再咬上一大口，真是享受！

简单质朴

芽菜豆腐

豆腐配芽菜，连点菜汤都不会剩下，这是我们家餐桌上的一道颇受欢迎的下饭菜。豆腐入味，做法快手，您说这样的豆腐菜能剩下吗？一准吃得倍儿干净啊！

材料 豆腐300克，芽菜10克，鲜橙汁10克，酱油5克

做法

1. 豆腐切成大片。
2. 芽菜稍微冲洗一下，如果不够碎就剁碎点。
3. 锅内倒入少许油，放入豆腐，两面煎至金黄色。
4. 不用将豆腐出锅，直接倒入芽菜、酱油、橙汁，小火炖至收汁即可。

大家看到我做这道菜的时候用了橙汁，不妨跟大家分享一下吧。如果您可以在做菜前榨些水果汁，做菜效果会更好。鲜柠檬汁可以直接当醋，还带着柠檬的清新味道。而这道菜因为芽菜本身比较咸，应该加点糖提鲜或者中和一下味道，所以我选择橙汁。因为橙汁本身比较甜，而且带着果香，这样就增加了菜的复合鲜香的口味。

❶

❷

❸

❹

Part 3 精致凉拌菜

我本身是个特别爱吃凉拌菜的人，一是觉得健康少油，二是觉得吃着过瘾清新，能多吃蔬菜，因此也喜欢各种各样的凉拌菜，不管是大型家宴、小型聚会，还是温馨的家庭餐，总是要有几个令人惊艳的凉菜，在各种山珍海味吃遍的时候，凉菜就是那么清清爽爽地沁人心脾。

减肥利器

老醋花生拌苦菊

这是一道好吃、祛火又特别香的凉拌菜，顺便教大家如何炸花生米。老醋花生是道常见菜，加上祛火的生菜叶，让有点腻的花生变得更清爽健康。

材料 生花生200克，镇江香醋50克，苦菊1棵，香菜10克，盐3克，白糖3克

做法

1 将苦菊洗净沥干掰开，香菜切段。

2 锅中倒入油，一定要凉油下锅花生米。

3 中火，随着油温上升，花生米会吐出许多小泡。

4 花生米渐渐发出啪啪声，而且声音越来越大。

5 花生米皮的颜色变深，声音不再密集，而且泡沫也在变少。

6 锅内的泡沫几乎没有，花生米的颜色变得更红。

7 花生炸至图片的颜色即可出锅，刚出锅的花生米盛到盘中颜色已经变得更深了。

8 将镇江香醋倒入炸好的花生米里。

9 根据个人口味放入少许盐、糖。

10 撒上苦菊和香菜拌匀装盘即可。

小米提示

炸花生的时候千万不要等花生米的颜色变得像你想象的红色才出锅，因为花生米一凉颜色会变深。关键不是颜色变深，连味道也变焦了，所以炸至图片颜色即可捞出。别以为热的时候软塌塌的是没炸透，等晾凉了又脆又香。另外捞花生的时候不要关火，保持高油温是为了不让花生米有太多油分。

用芝麻酱拌也好吃

芝麻酱拌豇豆

其实用芝麻酱拌凉菜基本百试不爽地好吃，比如拌油麦菜、茄子、扁豆，因为芝麻酱本身就带着一股子香气。

材料 豇豆300克，蒜1瓣，芝麻酱5克，醋5克，生抽3克，香油5克

做法

1. 豇豆切成段。
2. 锅内倒入水，水开后放入豇豆段，煮3分钟，确保豇豆熟了以后再捞出。
3. 在芝麻酱里倒入少许温水，朝着一个方向搅拌，然后倒入生抽。
4. 倒入醋。
5. 搅拌均匀后放入蒜末。
6. 加上香油。
7. 将调好的调料汁倒在豇豆上即可，吃的时候拌匀。

小米提示

拌芝麻酱的时候，用温水顺着一个方向拌，加水的时候别一下子都倒进去，一点点加，要不芝麻酱就稀成汤了。另外别调得特别稀，因为之后加的调料也都是水状的。

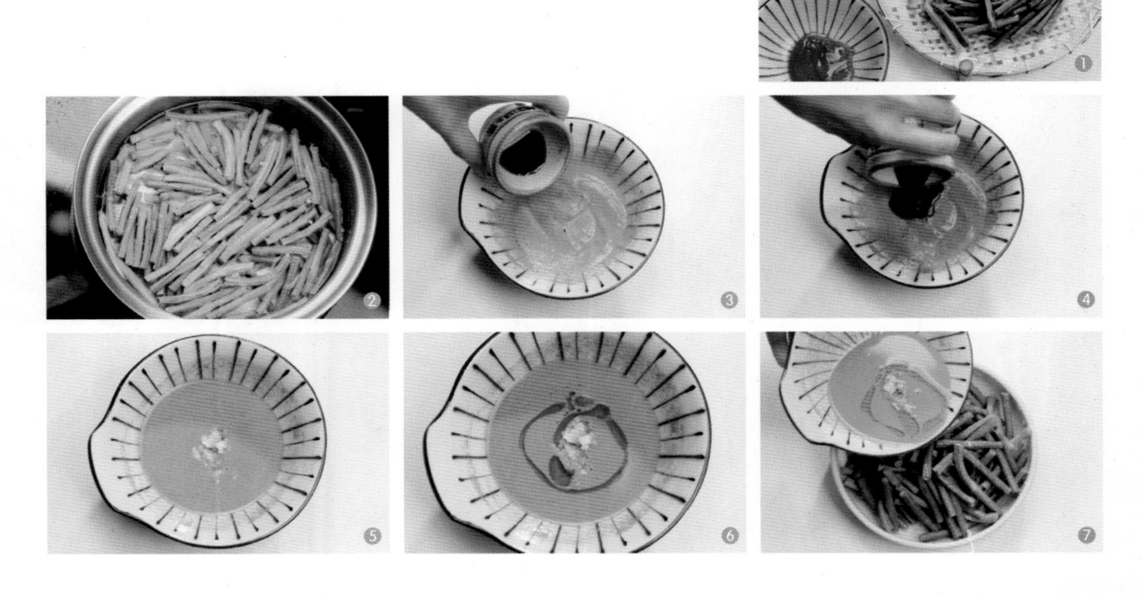

祛火凉菜

蓑衣樱桃小萝卜

这是一道特别开胃的凉菜，颜色漂亮，吃起来味道也惊艳，关键是小萝卜还能祛火。

材料 樱桃小萝卜200克，黑芝麻3克，苹果醋3克，蜂蜜3克，盐少许

做法

1. 樱桃小萝卜切成如图所示蓑衣的样子。
2. 在切好的萝卜上撒上少许盐腌制。
3. 将撒好盐的樱桃小萝卜放入密封盒内。
4. 倒入苹果醋和蜂蜜搅拌均匀。
5. 放入冰箱内冷藏2～4小时让其彻底入味。
6. 吃前撒上黑芝麻即可。

小米提示

蓑衣的方法就是先将小萝卜一面等距切至一半深，不切下去，然后翻面再用同样的方法切，就跟蓑衣黄瓜的切法是一样的。这样可以让小萝卜更入味。

鲜嫩清爽集一菜

桃仁芹菜

每年到鲜核桃下来的时候就一定要吃个够，没别的原因，就是特别喜欢满嘴的香甜脆感。但是过了那个季节的核桃就变得干巴巴的，还带着苦涩味，可以用泡和煮的方法去除核桃的干皮，味道超赞！

材料 芹菜200克，核桃仁20克，生抽3克，香油3克

做法

1 核桃仁放入清水里泡1小时左右。

2 芹菜切成段。

3 锅内倒入水，放入核桃仁，焯一下捞出。

4 放入芹菜焯一下捞出。

5 将核桃仁剥皮泡入凉水中。

6 把芹菜核桃仁放入碗中。

7 倒入香油、生抽调一下味即可。

小米提示

用当季的新核桃做这个菜特别好，直接剥皮就行，不用热水煮，这里煮主要是为了去皮。其次这道菜不必太咸，因为核桃本身的鲜甜味道就很好。

一直最爱

杏仁黑芝麻油麦菜

油麦菜的食用方法以生食为主，可以凉拌，也可蘸各种调料。熟食可炒食，可涮食，味道独特。油麦菜具有降低胆固醇、治疗神经衰弱、清燥润肺、化痰止咳等功效，是一种低热量、高营养的蔬菜。

材料 杏仁10克，熟黑芝麻5克，油麦菜200克，枸杞5克，芝麻酱10克，盐3克，红油3克，醋5克

做法

1. 油麦菜洗净切段，杏仁拍碎切小粒。
2. 芝麻酱用水稀释，加盐、醋、红油，调匀淋在油麦菜上，撒上黑芝麻、杏仁碎、泡开的枸杞即可装盘。

1

2

小米提示

芝麻自古就被当作“仙家”食物。据《神农本草经》记载：芝麻“补五脏，益气力，长肌肉，填脑髓，久服轻身不老”。现代医学已证实了芝麻有抗衰老的作用。黑芝麻中的维生素E有助于头皮内的血液循环，促进头发的生长，并对头发起滋润作用，防止头发干燥和发脆。芝麻中富含的优质蛋白质、不饱和脂肪酸、钙等营养物质均可养护头发，防止脱发和白发，使头发保持乌黑亮丽。正所谓小芝麻能做大事情啊！

开胃爽口

杨梅手剥笋

每当手剥笋下来的时候，我总是天天吃不够似的吃这道菜，觉得酸甜可口特别过瘾，笋的清新和清香加上杨梅的酸甜让整个味蕾都舒服极了。

材料 手剥笋200克，杨梅10克，蓝莓干5克，白糖5克，苹果醋5克

做法

1. 杨梅、蓝莓干放入水中略煮。
2. 放入白糖。
3. 放入手剥笋，开锅后煮10分钟即可。
4. 将煮好的手剥笋加一点苹果醋即可。

小米提示

加完苹果醋以后，最好放入密封盒子中浸泡40分钟后再放入冰箱冷藏一下，随吃随拿，更为清爽。

营养搭配合理

胡萝卜芝麻牛蒡

这道菜绝对是一道营养价值超高的拌菜，其实我觉得改名叫“人参拌人参”也行！大家都知道胡萝卜有“小人参”之称，但牛蒡更牛，享有“蔬菜之王”的美誉，在日本可与人参媲美，它是一种营养价值极高的保健产品。

材料 牛蒡4支，金针菇100克，小黄瓜2根，胡萝卜半根，白芝麻10克，生抽5克，香油3克，白糖3克，醋5克

做法

1. 牛蒡切丝，金针菇切段，小黄瓜切丝，胡萝卜切丝。
2. 牛蒡切丝后浸水，放入热水中煮熟。
3. 再将牛蒡丝浸入冷开水中放冰箱备用。
4. 锅烧热，倒入一点点油，放入胡萝卜丝用油炒熟，再将白芝麻倒入略炒盛出。
5. 将所有原料放入大碗中，倒入生抽、香油、醋、白糖拌匀即可。

小米提示

今后不管您做什么切丝的凉菜，为了保证上桌后能看起来像外面饭馆里的那样挺实，您可以将切好的菜丝放在凉水里泡着，直到拌的时候再捞出来，这样拌出来的菜就像外面饭馆里的一样根根挺立，关键是吃着还特别爽脆。

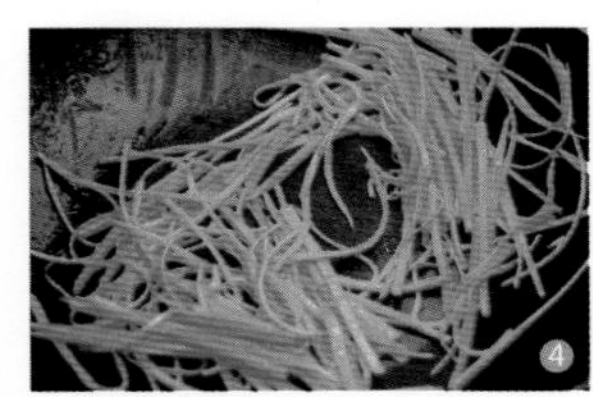

有助消化

凉拌秋葵

秋葵近年来倍受大家追捧，还真是不无道理。除了营养好，味道也独特，有种吃着就特别上瘾的感觉。最大的特点是脆嫩多汁、滑润不腻，还有点淡淡的清香。秋葵在日本、西方国家及中国台湾、中国香港等地已成为热门畅销蔬菜。但有点可惜的是，在北京的菜市场还不多见，因此如果见到了一定别错过。凉拌或者炒着吃都有种异域风情。

材料 秋葵300克，蒜2瓣，葱3克，香油3克，醋3克，生抽3克，柠檬酱油沙拉汁3克

做法

1. 秋葵切段，蒜切末，葱切末。
2. 将香油、醋、生抽、蒜、葱、柠檬酱油沙拉汁放入调料碗中调成汁。
3. 锅内倒入水，水开后放入秋葵焯2分钟捞出待用。
4. 倒入调好的调料汁拌匀即可。

秋葵的口感特别适合凉拌，而且秋葵本身是一种富含胶质的蔬菜，很有营养。

提高免疫力

凉拌金针菇

这道菜我总觉得特别适合夏天吃，大口大口地吃特别过瘾。我每次做凉拌菜都是拌上一大盘子，吃的时候分到每个人的盘子里，这样既卫生，吃着也痛快，您也试试吧。

材料 金针菇200克，黄瓜1根，蒜1瓣，香油3克，生抽3克，醋5克

做法

1. 黄瓜切成细丝。
2. 金针菇去除根部，洗净倒入开水锅中焯一下捞出待用。
3. 蒜切成末，再将生抽、香油、醋、蒜末倒入碗中做调料汁。
4. 碗中放入金针菇、黄瓜丝，然后倒入调料汁拌匀即可。

小米提示

这道菜做法特别简单，如果有其他喜欢的蔬菜也可以放入一起拌，还能调节颜色。

平衡身体机能

豆干海带丝

我一个人在家的时候会买点海带，再加两块豆腐干，然后拌个凉菜，吃得痛痛快快的，连主食也不吃，觉得特别舒服满足。我觉得吃完豆腐干和海带特别有饱腹感，后来查了一下这两样菜真的是绝配，确实有减肥排毒的功效。

材料 海带300克，豆腐干50克，红彩椒1个，香菜10克，香葱10克，蒜2瓣，醋5克，盐3克，生抽3克，香油2克，辣椒油2克，白糖2克

做法

1. 将海带丝洗净沥干水分，切成段，
2. 豆腐干切成丝，蒜切成末，红彩椒切成丝，香菜切成末。
3. 海带丝下锅用开水焯一下。
4. 捞出过凉水后沥干水分。
5. 将醋、生抽、盐、香油、辣椒油、白糖、葱末、蒜末调成汁。
6. 把海带丝、豆腐干丝、红彩椒丝、香菜末放入盘中。
7. 倒入拌好的调料汁。
8. 用筷子搅拌均匀即可。

小米提示

海带的选购小窍门：质厚实、形状宽长、身干燥、色浓黑褐或深绿、边缘无碎裂或黄化现象的，才是优质海带。

富含多种营养

海茸条拌秋葵

这道菜的口感特别冲撞，比如秋葵是属于那种口感比较黏的菜，而海茸条却很脆，秋葵比较清香，海茸条比较爽脆，所以吃着很有意思，挑逗着味蕾。

材料 干海茸条50克，秋葵100克，柠檬酱油沙拉汁5克，生抽5克，蒜末3克，橙汁3克，香油3克

做法

1. 海茸条提前用水泡发，大约40分钟。
2. 将生抽、柠檬酱油沙拉汁、橙汁、香油调成汁。
3. 烧热一锅水，放入秋葵焯2分钟捞出沥干水分。
4. 放入海茸条焯2分钟左右捞出控干水分
5. 将海茸条、秋葵放入调料碗中，加入蒜末拌匀即可。

小米提示

海茸条是海藻中褐藻类里一种营养丰富、口感鲜美的绿色天然食品，是野生天然的深海植物，全世界仅智利南海沿岸未经任何污染的海域中才能少量生长。我这个是从淘宝上买的，价格并不是很便宜，但确实不错，爽脆中带着海洋的气息。

1

2

3

4

5

Part 4 美味下饭菜

很多人不习惯吃素菜，或者对于吃素菜总是坚持不下来，关键问题是觉得素菜过于清淡，太阳春白雪了，不够下饭，不够过瘾。我在这一章里会颠覆您对素菜的印象，我用了很多做荤菜的手法处理素菜，效果很好，素菜变得更有滋味，更下饭，更亲民。

停不下口

软炸藕片

每次家里来客人，来点小酒喝喝的时候，这道菜就必须出现了，好吃有型。其实最好提前做出来，您会说炸的东西凉了特别不好吃，告诉您，您只需放在烤箱或者电饼铛里加热，就会外焦里嫩，而且把之前油炸的油都烤出来了，更香。

材料 鲜藕1个，鸡蛋1个，面粉20克，淀粉20克，水半碗，花椒盐5克，盐3克

做法

1 藕洗净削皮，切0.5厘米厚的片。

2 将面粉、淀粉、鸡蛋、盐放入盆中加水搅拌成糊状。

3 藕片表面撒上花椒盐略腌。

4 将藕片放入糊中蘸一下，两面都蘸上糊。

5 平底锅烧热倒入油烧至六成热，将挂匀糊的藕片入油中炸至两面金黄即可。

小米提示

花椒盐可以在腌藕的时候用，也可以最后炸好，撒上花椒盐吃。炸好的藕片可以先放在吸油纸上吸一下油。吃不了放在冰箱里保存，第二天不用放油放在烤箱里烤一下，或者用电饼铛热一下一样好吃！

1

2

4

3

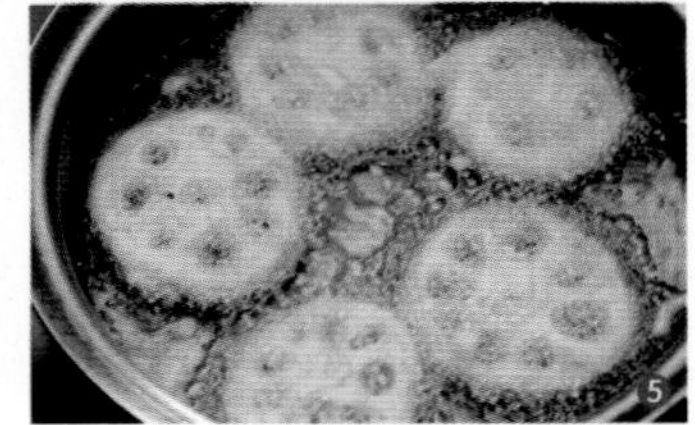
5

要一大口一大口地吃

果仁玉米

这道菜其实是用松仁玉米改的。某日在家饿了，在冰箱里找出下面几种原料，想来想去每种材料都不多，那就炒个菜吧，谁知道做完特别好吃，误打误撞就成了餐桌上的一道主菜了。

材料 玉米150克，杏仁30克，松子仁30克，胡萝卜50克，香葱10克，熟芝麻1小把，香油5克，盐3克，白糖2克，水淀粉10克

做法

1 胡萝卜切小丁，香葱切末。

2 先将松子仁放在锅内开小火炒出香味。

3 锅内倒入油，放入香葱末煸炒出香味后，放入胡萝卜丁和玉米粒翻炒，然后加入少许水。

4 加盐、糖调味，并加入杏仁、松子仁翻炒。

5 最后用水淀粉勾薄芡，淋香油，撒熟芝麻即可装盘。

小米提示

吃这道菜可以用勺子大口大口地吃，各种食材在嘴里咯吱咯吱的特别过瘾。炒的时候因为每种食材熟的火候不一样，一定不要图省事一股脑全倒进去，这样炒出来就是该烂的没烂，不该烂的都烂了！

从未被剩下

椒丝腐乳空心菜

这款椒丝腐乳空心菜应该算是青菜里的重口味。说口味重，主要是我们通常做青菜的时候，清炒、蒜蓉都是比较清淡的做法，这款椒丝腐乳空心菜更适合下饭。之前我在广州待过一段时间，那会儿吃这个菜特别上瘾，会要上一大盘子，配上两碗米饭，吃得饱饱的，而且还特别舒服，我想也是吃素菜的功效吧！

材料 空心菜300克，红辣椒1个，大蒜2瓣，胡椒粉3克，白腐乳1块

做法

1. 空心菜洗净，去掉菜梗留作他用，上面细嫩的部分摘成小段。
2. 蒜切蓉，红辣椒切丝（取10克即可）。
3. 腐乳加一点糖，用水调开。
4. 锅烧热倒入油，烧至七成热，加入蒜蓉和红辣椒丝炒香。
5. 放入处理好的空心菜。
6. 以中到大火迅速翻炒。
7. 炒至菜颜色变深，菜变软，迅速加腐乳汁，再次炒匀。
8. 撒上胡椒粉出锅即可。

小米提示

空心菜做法简单却不容易炒好，秘诀是火旺、油多、快炒，这样炒出来的空心菜才会清香爽口。

鲜辣过瘾

干煸菜花

我打小就特别爱吃菜花，无论素炒，还是干煸、凉拌，各种做法都特别爱吃。早年北京没有那种长得特瓷实的菜花，我们军队大院翻墙出去的农民地里都是这种有点脆甜口的散菜花（花菜），我就喜欢我妈把菜花炒得烂烂的，拌米饭吃。可是没过几年，由于产量或单个重量的原因，种散菜花的人少了，市场上就都是那种长得标致紧实的白菜花啦，所以岁数小一点的人反倒觉得近些年北京菜市场出现的这种散菜花是个新鲜物件。其实这种散菜花特别适合干煸，入味、脆香、口感好，也下饭。

材料 散菜花300克，干红辣椒6克，大料1瓣，花椒2克，葱3克，姜3克，蒜1瓣，孜然3克，红烧酱油5克，盐、白糖少许

做法

1. 菜花洗净，用手掰成大小均匀的小朵。
2. 姜切丝，蒜切片，葱切小段。
3. 小红辣椒剪成小段。
4. 锅内倒入少许油，油热放入花椒，煸出香味变色后放入大料煎出香味。
5. 出香味后迅速放入小红辣椒、葱、姜、蒜，继续煸炒。
6. 出辣香味后放入菜花，淋少许水，盖盖1分钟后菜花里的水分会自己跑出来，口感更筋道。
7. 开盖大火煸炒出香味，倒入红烧酱油。
8. 煸炒2～3分钟，菜花变软，放入少许盐、糖、孜然，炒出孜然的香味，出锅即可。如果还有一点汤，可以用小干锅，底下点上蜡烛，慢慢将里面的汤汁煮干，吃着更香。

小米提示

做干煸菜花最好选用散菜花，炒的时候不容易出汤而且口感也更为脆甜，最后加的那把孜然很提味。

酱汁醇厚浓香

酱烧豆角

小时候物质还很匮乏，记得吃肉得用肉票，所以做菜不能顿顿都放肉，但老爸老妈总能让饭菜特别香，这是中国人在吃上的智慧吧。后来我去过好多国家，看着它们虽然物产丰富但做法单一的饭菜，常常想这要放在咱中国人手里那一准能做出无数美味来！这个酱烧豆角，不仅拌饭、就馒头，而且夹烙饼也特别好吃，我反正从来没让这道菜剩下过。

材料 豆角300克，葱段3克，姜末3克，蒜1瓣（切末），大料1瓣，豆瓣酱6克

做法

1. 豆角去蒂，去除丝。
2. 将豆角掰成段。
3. 洗净沥干水分。
4. 锅内倒入少许油，煸香葱、姜、大料，直至葱、姜变色。
5. 加入一小勺豆瓣酱。
6. 用铲子滑散，煸炒出酱香味。
7. 放入豆角大火煸炒。
8. 直至每根豆角都裹上酱汁，豆角煸得微微发蔫，加入一小碗水。
9. 改小火，盖盖焖3～4分钟，看汁收干了放入蒜末出锅即可。

小米提示

择豆角的时候一定要将豆角的丝择干净，不然吃的时候随时揪出一根丝来，既不雅也影响吃饭的兴致。另外豆角虽然好吃，但是如果不熟会中毒，所以一定要确保豆角熟透。出锅前加点蒜末一是为了提味，二是为了排毒。

过瘾必吃一道菜

老干妈炒苦瓜

这是一道经典刺激的菜。苦瓜是一道被人爱憎分明的菜，爱它的视若珍宝，不爱它的避之不及。我喜欢苦瓜苦味里带着淡淡的清香，又很清脆，用老干妈辣酱烧依旧不能掩盖它独特的味道。

材料 苦瓜2根，老干妈辣酱6克，葱1根，蒜1瓣，酱油3克

做法

1. 苦瓜洗净，一切两半，去子，将苦瓜斜刀切成片。
2. 葱切小段，蒜拍碎。
3. 锅内倒入少许油，放入葱、蒜煸炒出香味，然后放入老干妈辣酱煸炒出香味。
4. 放入苦瓜，大火煸炒至苦瓜变软，倒入酱油，转小火收干汁即可。

小米提示

这道菜炒的时候一定要把苦瓜煸软变色后再倒入酱油，这样炒出的苦瓜清香而且口感也脆。另外收拾苦瓜的时候一定要把苦瓜里面的子和筋都仔仔细细地抠干净，这样切出的片好看，炒出的苦瓜也好吃！

人人都爱

手撕包菜

我一直认为手撕包菜是每个人都该会做的素菜，不仅好吃而且快手下饭，各种优点都齐全了。记住这个炒好了趁热吃完，冷了就不好吃了！

材料 圆白菜1个，花椒3克，辣椒（多少视个人喜好而定），葱3克，蒜3克，盐2克，白糖2克

做法

1 圆白菜洗净剥成大片，辣椒一切两半，葱切小段，蒜切片。

2 锅内倒入油，放入花椒煸炒出香味。

3 将煸出香味的花椒捞出，放入葱、蒜、辣椒。

4 辣椒出香味后放入圆白菜。

5 加入盐、白糖，大火煸炒至圆白菜熟软，即可盛出。

小米提示

在加工圆白菜的时候不用刀切，炒出来的圆白菜甜、鲜、麻、辣、香、脆。切勿关火太晚，避免炒出的圆白菜出汤不脆了。另外就是花椒一定要捞出来，不然吃这菜光挑花椒了！

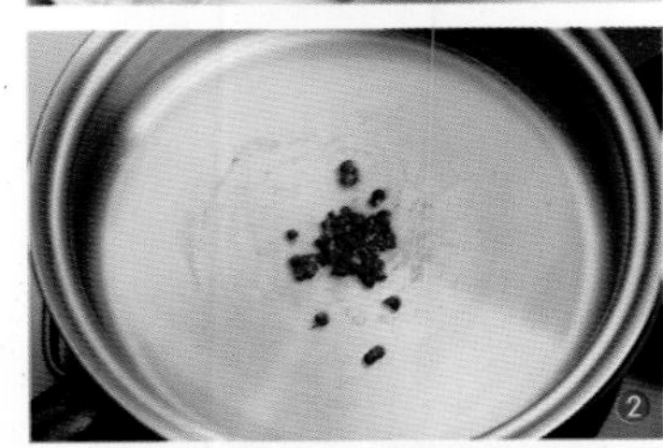

每吃一口都是享受

砂锅焙长豇豆

豇豆是最常见的食材了，做法也特别多，焖着吃，炒着吃，包馅儿吃。我推荐一种吃法，不知道您吃过没，但是说实话特别能激发出豇豆的那种香味来，我向周围的亲戚朋友推荐的时候他们都特别喜欢，所以这次我也献宝出来！

材料 豇豆300克，大蒜20克，辣椒10克，葱3克，姜3克，辣椒酱6克，酱油5克

做法

1. 蒜拍碎，辣椒切段，姜切小片，葱切末。
2. 砂锅加热放入油，加入大蒜，煸香至金黄色。
3. 放入葱、姜、辣椒。
4. 倒入辣椒酱。
5. 将砂锅内的各种原料煸出香味。
6. 将豇豆码放在砂锅内。
7. 盖上盖小火慢慢烧。
8. 烧3分钟左右，倒入酱油再盖盖焖3分钟左右开盖，见豇豆都变软了即可。

小米提示

做这道菜一定要选择特别嫩的豇豆，做的时候容易熟而且入味。另外就是要将豇豆丝择干净，不然吃起来既不雅观也影响味道。这款豇豆的做法有点重口味，如果怕辣可以不放辣椒，改放豆瓣酱也特别香！

记忆里的那一盘

醋熘花椒冬瓜

小时候我特别爱看《北京晚报》的一个版面叫“五色土”，那里面经常会有些特别感人的小文出现，而且经常是写老北京的事，让我觉得特别亲切。我印象最深的文章之一是写一个男孩的老爸经常给男孩做熘冬瓜，每次看见烧得热热的油，刺啦一下放入花椒，花椒的味窜到鼻子里就觉得这是人间美味。直到有一天他爸去世了，他自己做这道菜的时候，却再也不觉得放入花椒的瞬间有那种欢快的味道，眼泪滴到锅里。后来他给慢慢长大的儿子也做这道熘冬瓜，儿子也爱吃。这个小故事每次在我吃冬瓜的时候都会从我脑袋里冒出来，每次我眼前都会出现一个镜头就是烧得热热的油锅中放进花椒，味道立刻窜满整个鼻子，于是慢慢满足。以后的日子里我也慢慢开始自己做这道醋熘花椒冬瓜。

材料 冬瓜300克，花椒6克，大葱2克，香菜3克，盐3克，水淀粉10克，酱油5克，醋5克

做法

1 冬瓜去皮切成小块，葱切末，香菜切末。

2 锅内倒入油，油热后放入花椒煸炒出香味，直至花椒变色，捞出。

3 在花椒油里放入葱末煸炒出香味。

4 放入冬瓜翻炒。

5 煸炒冬瓜直至表面变蔫，有一点焦黄，放入盐、酱油，加入小半碗水，盖上盖，转小火，焖至冬瓜变得快要透明。

6 烹入醋。

7 将水倒入干淀粉中，调成湿淀粉，倒入锅中，勾个薄芡，将每块冬瓜都裹上汁。

8 出锅趁热撒香菜末，也可以滴几滴香油提味。

小米提示

做这道菜一定要热油下花椒，这样做出来的冬瓜才充满花椒的香气。炸完的花椒一定要捞出来，不然吃的时候您就得不断地挑花椒了。做冬瓜一定不能少了香菜，除非您是绝对不吃香菜的人，冬瓜和香菜是绝配。另外还要记得冬瓜一定要软烂才好吃，炖到透明变色。

美味绝配

干煸豆角茶树菇

任何事都是讲缘分的，做饭其实不仅仅讲究缘分，还讲究心情。我不知道别人，反正我认认真真做的一顿饭和匆匆忙忙带着焦虑做的相比，哪怕食材相同、做法一样，味道也绝对是有差异的。做这道菜是个十分偶然的事，茶树菇和豆角配在一起，没有互相埋没，相反却各自精彩，各种协调。厨房里其实应该多些这样的小创意、小惊喜。

材料 新鲜茶树菇50克，豆角100克，葱5克，干红辣椒3克，榄菜10克，酱油5克

做法

1 干红辣椒切成小段，葱切成末，豆角掰成段，茶树菇去除根部洗净沥干水分。

2 锅内倒入少许油，放入葱、干红辣椒煸炒出香味，放入榄菜末煸炒。

3 放入豆角，继续煸炒。

4 直至豆角变色。

5 放入茶树菇，炒出香味。

6 倒入少许酱油，放入一小碗水盖盖焖3分钟，直至汤都收干了为止。

小米提示

出锅前可以将砂锅加热，将菜直接盛进砂锅，这样吃的时候就可以保持热度。因为榄菜比较咸，所以这道菜不用放盐。茶树菇要用鲜的，这样煸炒出来才香；不要用泡发的茶树菇，那种适合炖汤。

冷热都好吃

虎皮青椒

这道虎皮青椒是我家常备的一道菜，只要没了立马补上，随时打开冰箱里的密封盒子就可以见到。还是那句话，万能配菜，冷热都好吃！

材料 青椒 3个，酱油10克，美极鲜酱油2克，盐3克，醋3克，白糖3克

做法

1 将青椒洗净，去蒂，一切为二，去子。

2 炒锅烧热，倒入少量油，将青椒放入。

3 煸炒至青椒变焦煳，在煸炒的时候需不时翻炒，让青椒均匀受热，并且要用炒勺不断按压青椒，目的是将青椒中的水分炒出来，使其变蔫。

4 待青椒变蔫，表面发白有焦煳点时，加入酱油和盐翻炒，最后加入醋、白糖，炒匀即可。

小米提示

青椒要选择个头较大、肉质较厚的，将青椒的子去掉可以减轻辣度，口感也更好。做这道菜其实最关键的是青椒需煸软，所以一定要不停地翻面，表面变成虎皮，青椒变软即可，不要让青椒煳。这道菜可以多做些，然后放入保鲜盒，冰箱冷藏，随时吃，非常入味好吃。

材料 素肉150克，葱3克，姜3克，蒜3瓣，花椒2克，大料1个，小茴香2克，白糖3克，盐3克，酱油5克，蚝油5克，水淀粉10克

做法

1 将素肉放入清水提前泡发。

2 葱切末，蒜切片，姜切片。

3 将泡发好的素肉放在干净的毛巾上吸去多余的水分。

4 锅加热倒入油，将素肉倒入锅内略煎，待到素肉的颜色变深即可捞出待用。

5 锅内留少许油，放入葱、姜、蒜、花椒、大料、小茴香煸炒出香味，放入酱油。

6 倒入素肉，加入少量的水盖盖略焖。

7 加入盐、白糖、少许蚝油，用水淀粉勾芡收汁，当然也可以不用水淀粉，慢慢将汁炖入素肉内，但是用水淀粉的会比较亮。

小米提示

这种素肉一般超市的豆制品柜台就有，淘宝上也有很多专门卖素食的店。另外就是浸泡时间我没有详细写，因为每款素肉的浸泡时间都有自己的说明，可根据说明书来调整浸泡时间。浸泡过的素肉一定要用干毛巾吸干水分，否则一下油锅水滴会四处乱溅。

难辨真假

素烧鸭脖子

这个素鸭脖子做出来的味道特别像超市里卖的成品。如果你做的美食和外面的一样好吃，甚至超越了外面的美食，你会有种特别大的成就感。不仅干净，而且真材实料，味儿一点也不差！

一人能干掉一大盘

干煸藕条

这道菜我通常能自己干掉一大盘子，特别干、香、麻、脆。做法不难，藕上市的时候，可以尝试着做做，看看您喜欢不？其实藕的做法还是挺多的，熬汤、炖东西、炸藕盒、拌着吃，都不错。

材料 藕150克，干辣椒1小把（根据自己的喜好），花椒2克，葱10克，蒜1瓣，干淀粉10克，盐3克，白糖3克，酱油3克

做法

1 藕切成条，葱切末，蒜切片，辣椒切成丝。

2 在藕条上撒上干淀粉。

3 锅内倒入油，油稍微多点，放入藕条，炸至藕条变蔫变黄捞出。

4 锅内留一点点油，放入花椒、葱、蒜、干辣椒煸炒出香味。

5 放入刚才炸过的藕条。

6 放入盐、白糖，然后淋一点点酱油，煸炒出锅即可。

小米提示

藕条上撒干淀粉是让藕条表面更干爽，炸出来的藕条也更松脆。炸好的藕条可以放在厨房用纸上吸一下油。另外就是再次煸炒藕条的时候不用放太多油，一点点足够了。

小杨生煎馆

零死角

铁板烧茭白

茭白也是我特别爱吃的一道菜，我喜欢茭白嫩嫩的口感。个人认为虽然茭白嫩，但是绝对不能简单地炒一下，要不然茭白的味道就藏进去了。一定要激发出茭白的鲜嫩口味，大火煸炒，铁板出锅，非常好吃。

材料 茭白5根，大料1瓣，辣椒5克，大葱3克，酱油5克

工具 铁板

做法

1. 茭白去皮切成段，再切成菱形片。
2. 辣椒掰成小段，葱切末。
3. 锅热倒入少许油，放入葱煸香，放入辣椒段、大料煸炒出香味。
4. 放入茭白片。
5. 大火煸炒茭白。
6. 放入酱油，煸炒至茭白变色关火。
7. 烧热铁板。
8. 立刻将煸炒好的茭白倒在热铁板上出锅即可。

小米提示

这道菜其实做法特别简单，关键是铁板上桌的时候辣香扑鼻。如果家里没有铁板，炒熟后直接出锅也特别好吃。家里备块铁板挺好的，除了能激发出菜的香味，冬天也能保持菜的温度；还有就是在家宴上特别有面子，价格也不贵。

超越真品

素糖醋里脊

生活并非每天都是快乐的，有时候心情沮丧，需要一些小甜蜜来填补。忙碌的时候，心情乱的时候，放下心情和手里的活，给自己和家人用心烹制一道美食，看着家人心满意足的笑脸，瞬间就会精神饱满，元气十足。

材料 素鸡300克，大葱3克，蒜1瓣，姜3克，番茄沙司20克，醋3克，白糖3克，盐3克，生抽3克

做法

1. 将素鸡用清水泡发。
2. 泡2小时左右，彻底将干素鸡泡发，将素鸡用干净毛巾吸干水分。
3. 锅内倒入少许油，将素鸡放入锅内煎炸。
4. 炸制金黄色捞出控油待用。
5. 锅内留少许油，放入葱段、姜片煸炒，然后放入番茄沙司。
6. 倒入素鸡煸炒，放入白糖、醋、盐，糖和醋的比例为1：1，醋用白醋比较好。
7. 放入生抽调味，最后大火收汁出锅即可。

小米提示

炸素鸡的时候务必将泡发的素鸡用干净毛巾吸干水分，这样下锅才不会溅油。另外煎炸的时候一定要炸透，变金黄色后再捞出，这样的糖醋里脊才外焦里嫩。

主食克星

素鱼香肉丝

有时候在家会给老妈炒这个菜。老妈岁数大了，不能多吃肉了，但说实话有时候又对肉和特香的菜挺馋的，我每次给她炒的时候佐料都相对放少点，口味不是那么重，老妈每次都特别爱吃。

材料 素肉丝300克，郫县豆瓣酱6克，姜3克，大蒜2瓣，红、黄彩椒各1个，洋葱半个，胡萝卜1根，白糖3克，醋3克，水淀粉3克，番茄沙司6克，酱油3克

做法

1 将素肉丝用温水泡涨发软，约15分钟。

2 胡萝卜切丝，黄、红彩椒切丝，洋葱切丝，蒜切成末。

3 将刚才泡的素肉丝里的水分挤干。

4 将郫县豆瓣酱剁碎。

5 锅洗净后烧热，加入花生油烧至六成热，倒入蒜末，放入豆瓣酱煸炒出红油。

6 倒入番茄沙司。

7 放入胡萝卜丝、洋葱丝。

8 放入素肉丝煸炒。

9 倒入白糖、醋、酱油。

10 放入红、黄彩椒煸炒。

11 煸炒变软，倒入水淀粉勾芡。

12 出锅前撒点蒜末。

小米提示

煸炒豆瓣酱的时候，火不要太旺，以免辣椒炒煳，产生异味。郫县豆瓣酱本身就比较咸，别再加盐了。这种鱼香的炒法也可以做杏鲍菇丝、牛蒡丝、藕条，效果都不错。素肉丝可以去超市的豆制品柜台或者淘宝上购买。

Part 5 排毒蔬菜

活在当下的繁忙都市人需要用饮食来调节自己疲惫不堪的身体。我们生活在节奏如此之快的环境中，就像陀螺似的玩命旋转，越来越大的压力压榨着我们的健康。有时候放慢脚步，给自己和家人做上一桌子健康好菜，围坐一桌其乐融融地吃出高兴，吃出健康，远比下顿馆子更具有意义。现在的污染越来越严重，出门的雾霾，办公室中各种电子设备隐形的辐射，让我们更容易起痘痘，甚至一肚子的累赘！是时候适当地开始调节饮食习惯了，吃些健康排毒的蔬菜，排空自己的肠胃，换来一身轻松！

鲜鲜甜甜

蒜蓉甜蜜豆

每年甜蜜豆上市的时候我都是狂吃，为的就是填补没有它的日子中那种思念。我几乎不吃反季节蔬菜，特别倡导什么季节吃什么，吃痛快了为止，然后在思念中期待着下一季。

材料 甜蜜豆300克，蒜2瓣，味噌5克

做法

1. 将甜蜜豆左边剪一刀，右边剪一刀。
2. 剪出来的甜蜜豆像小鱼。
3. 另一头也如图剪成小鱼状。
4. 两头都剪好的甜蜜豆非常漂亮。
5. 蒜切末。
6. 锅内倒入油，放入蒜末煸炒出香味。
7. 放入嫩嫩的甜蜜豆。
8. 煸炒变色后放入味噌，煸炒均匀即可。

小米提示

甜蜜豆刚上市的时候特别嫩，特别适合做这道菜。把豆剪成小鱼的形状，配上蒜和味噌的味道，甜蜜豆又鲜又嫩，甜甜的特别好吃！如果没有味噌也可以不放，加上一点点美极鲜酱油也好吃极了。

一直被称为绝配

熏干炒芹菜

这算是我打小就爱吃的一道菜了。我觉得这两个食材配起来特别好吃，特别喜欢芹菜和熏干之间口感的反差。

材料 熏干1块，芹菜150克，葱5克，酱油5克

做法

1. 芹菜洗净切成段，熏干切成三角块，葱切末。
2. 锅内倒入少许油，煸香葱末。
3. 放入芹菜，煸炒芹菜至稍稍变色，加入熏干，倒入酱油。
4. 继续煸炒，直至芹菜变软、熏干变色即可出锅。

小米提示

芹菜是最好的排毒蔬菜之一。择芹菜的时候不用非得把芹菜的丝择得特别干净，因为它的粗纤维有助于人体排出毒素，而且还可以有效地清洁牙齿，是特别好的排毒蔬菜。

素菜也能吃出胶原蛋白的感觉

木耳炒秋葵

木耳和秋葵我第一次搭配做菜的时候觉得太神奇了，秋葵本身一遇热会由原来的清爽变成滑滑的感觉，吃的时候口感很Q。木耳我一直爱吃，也是滑溜溜的，用筷子夹的时候同样要小心。

材料　泡发后的木耳150克，秋葵150克，葱10克，蒜1瓣，酱油3克

做法

1. 葱、蒜切末，秋葵斜刀切段。
2. 锅内放油，油热煸香葱、蒜。
3. 放入秋葵。
4. 待秋葵颜色变绿后放入木耳。
5. 倒入酱油，中火煸炒1～2分钟出锅即可。

小米提示

现在环境污染比较严重，室外的雾霾，室内各种电子设备的隐形辐射，因此多吃些富含排毒功能的蔬菜有益身心健康。尤其是木耳被称为“人体清道夫”，再加上有丰富的植物胶原成分，不仅排毒，还能养颜，因此木耳被营养学家誉为“素中之荤”和“素中之王”。

最能激发出生菜的鲜香

蚝油生菜

生菜口味清淡、清香，但绝不是寡淡的味道。生菜属于很有特点的蔬菜，其中一种花叶生菜拌沙拉或者涮火锅用，另一种圆生菜特别适合熟着吃，比如这道特别经典的蚝油生菜。

材料 圆生菜1个，蒜20克，红椒1根，蚝油10克，水淀粉3克

做法

1 蒜切末，红椒切圈。

2 生菜洗净沥干水分，掰成大片。

3 锅中水烧开后放入生菜烫一下。

4 直至生菜变软捞出。

5 将烫好的生菜沥干水分，摆盘。

6 锅内倒入油，煸香蒜末。

7 加入蚝油和水淀粉熬至黏稠。

8 将蚝油汁浇在生菜上，再点缀上红椒圈。

小米提示

顾名思义，生菜特别适合生吃，但是生吃前一定要洗净。

炒生菜火候千万不要太大，这样可以保持生菜脆嫩的口感。

生菜用手撕成片再炒，吃起来会比刀切感觉更脆。

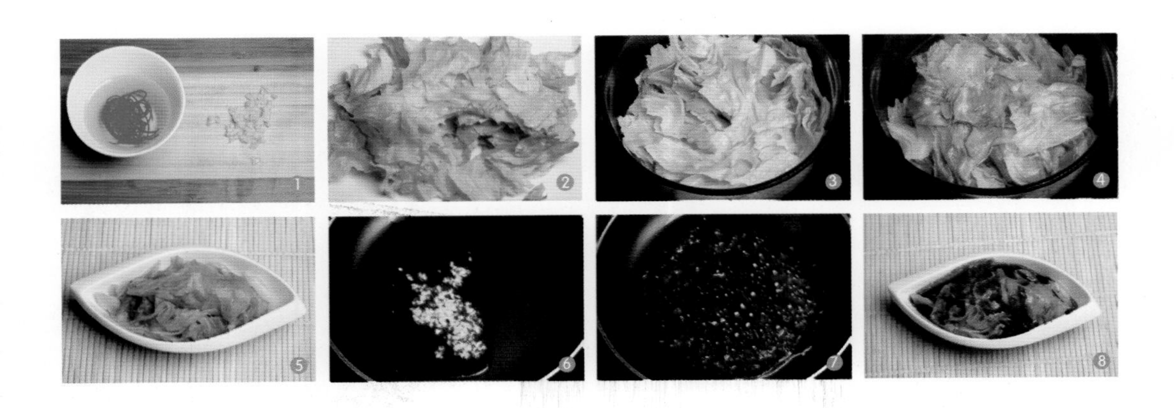

鲜味十足

粉丝蒜蓉蒸丝瓜

这道菜首先我觉得特别上桌，每次端上桌都特别大气。味道清淡鲜美，又是一种比较创新的做法，之前放在博客上一直备受好评。很多人觉得素菜单一，其实还真不是，只要您想，那素菜还真是花样翻新得让您一准都吃不过来。

材料 丝瓜1根，粉丝1把，红彩椒半个，蒜10瓣，盐2克，生抽5克

做法

1. 蒜切成末，红彩椒切小粒。
2. 蒜末碗中加盐、生抽，用锅烧热一勺油，趁热倒入到蒜碗中。
3. 粉丝用水泡软。
4. 丝瓜去皮。
5. 将丝瓜切成厚点的大片，粉丝均匀地码放在丝瓜上。
6. 每片丝瓜上放上一小勺蒜末油。
7. 撒上红椒粒。
8. 置于开锅的蒸锅中，盖盖蒸3分钟即可。

小米提示

这道菜做出来既漂亮又鲜美，但是千万要注意火候，火候过了丝瓜就不漂亮了。每个丝瓜配一勺蒜末油，蒸出的丝瓜超级鲜美。

汤鲜味赞

上汤娃娃菜

这是一款改良版的上汤娃娃菜。之前娃娃菜要用鸡汤炖，某日在家发现没有鸡汤，用了香菇粉冲成的蘑菇汤来炖娃娃菜，异常清香好吃，所以十分推荐这道菜。

材料 娃娃菜2小棵，皮蛋1个，红彩椒1个，盐3克、蒜6～7瓣，香葱末3克，香菇粉5克（用开水冲成高汤），淀粉5克（加水冲成水淀粉）

做法

1. 娃娃菜洗净、切成4段，红彩椒、皮蛋切丁，香葱切末，蒜去掉两头备用。
2. 将蒜放入锅中，煎至黄色出香味、蒜焦但不煳的时候，放香菇粉高汤、盐烧开。
3. 汤开后将娃娃菜放入，再放入皮蛋丁。
4. 盖盖再煮开，煮到娃娃菜变软；娃娃菜捞出装盘，将红彩椒放入汤中，煮1分钟，加入少许水淀粉勾芡，浇在娃娃菜上，撒上香葱末即可。

小米提示

教大家一个做香菇粉的方法，其实特别简单，还健康好吃。鲜香菇洗净晒干，取香菇根，不要香菇帽，放入打碎机，多打几遍直至成为特别细的粉末，取出收藏在密封的瓶子里，随吃随用特别方便。

最能让你有食欲

蚝油煨茭白

茭白是我打小就特别爱吃的一种蔬菜，特别嫩，是我觉得除蘑菇外又一种口感特别鲜的菜。做完这道蚝油茭白我建议直接倒在白米饭上，趁热一拌，嗨，别提多好吃了！

材料 茭白300克，蚝油10克，蒜2瓣，葱5克

做法

1. 茭白去皮，斜着切片。
2. 葱、蒜切末。
3. 锅内倒入水，水开后放入茭白，焯1分钟后捞出待用。
4. 锅内倒入油煸香葱末、蒜末，放入蚝油。
5. 待蚝油出香味后倒入茭白。
6. 迅速将茭白翻炒均匀出锅。

小米提示

茭白是种很嫩的根茎类蔬菜，炒的时间不用太长，之前焯一下是为了去除茭白的生涩味。我认为蚝油是一款特别能给蔬菜提鲜的调味料，适当备点这样的调料会让做饭变得简单又好吃。

排毒利器

苦瓜炒鸡蛋

苦瓜炒鸡蛋是道快手素菜。苦瓜的清香和鸡蛋的味道很搭，尤其很多不能接受苦瓜苦味的人，我建议从吃苦瓜炒鸡蛋开始。这道菜既清爽又下饭，很适合夏天里繁忙的上班族。成色也很漂亮，绿绿的苦瓜、嫩黄的鸡蛋，清新得让人食欲大开。

材料 苦瓜1根，鸡蛋1个，葱10克，盐3克

做法

1. 鸡蛋打入碗中，苦瓜一切两半去子切成条，然后将葱切末。
2. 切好的苦瓜放入碗中，加入盐腌渍入味。
3. 锅内倒入少许油，油热后倒入打散的鸡蛋，略炒后盛出备用。
4. 锅内放少许油，煸香葱花，放入苦瓜，煸炒出清香味。
5. 煸炒至苦瓜变色，倒入鸡蛋。
6. 将鸡蛋与苦瓜滑散炒匀，加入盐，翻炒均匀即可出锅。

小米提示

苦瓜是最好的祛火排毒蔬菜，因为其本身含有一种具有抗氧化作用的物质，这种物质可以强化毛细血管，促进血液循环，预防动脉硬化。苦瓜还具有清热解暑、消肿解毒的功效，因此常吃苦瓜对身体有很多好处。如果觉得太苦，也可以先将苦瓜焯一下再进行煸炒，可以去除苦味，或者在炒苦瓜的时候稍微放点糖。

胡萝卜也能这么好吃

醋熘胡萝卜丝

很多小朋友不喜欢胡萝卜的味道，但说真心话胡萝卜是种特别有营养的蔬菜，富含维生素A和胡萝卜素。其实完全可以借助胡萝卜本身的甜味做出酸甜可口的醋熘胡萝卜丝来，既好吃又漂亮。

材料 胡萝卜1根，花椒3克，葱5克，蒜1瓣，醋5克，酱油3克，盐3克

做法

1. 胡萝卜切丝，葱切末，蒜切末。
2. 用醋、盐、酱油、葱、蒜调成汁待用。
3. 烧热锅，锅内倒入油，放入花椒煸炒出香味。
4. 放入胡萝卜丝。
5. 煸炒至胡萝卜丝变软，倒入调好的汁。
6. 煸炒至胡萝卜均匀入味即可。

小米提示

如果觉得切胡萝卜丝很费劲，建议买个刮丝的小工具，可以节省很多时间。还有就是胡萝卜丝一定要彻底煸软后再下调料，这样炒出来的胡萝卜特别香！

一道菜里全是宝

素五珍

这道菜是我自创的家常好吃素菜之一。首先是原料好，西蓝花抗癌、富含维生素，香菇、木耳排毒，玉米笋清理肠胃，银耳养颜。做法还简单，做出来很有型，是一道既下饭又健康的素菜。

材料 西蓝花300克，鲜香菇4个，银耳1朵，玉米笋50克，木耳30克，葱5克，蒜5克，盐3克，白糖3克，蚝油5克，香油3克，料酒5克

做法

1. 西蓝花洗净切成小朵，木耳泡发，银耳泡发，香菇上切上花刀，葱、蒜切末。锅内倒入油，放入葱末、蒜蓉煸香。
2. 放入所有原料。
3. 盖上锅盖，小火煮2～3分钟。
4. 开盖加入蚝油、料酒、白糖、盐调味。
5. 翻炒均匀。
6. 最后淋少许香油，出锅装盘。

小米提示

这道菜炖煮的时间不宜过长，而且可以根据您自己的喜好来调节食材，喜欢汤多点拌饭吃可以收汁的时候多留点，加上点水淀粉勾一个薄芡，拌饭特别好吃。

被称为“生命绿金子”

清炒四角豆

去海南玩的时候，在饭馆里点菜时看见有清炒四角豆，尝了一下味道很清新。某日在北京的超市看见，买回来自己清炒了一个，味道真心不错。其实做法一点也不难，关键是四角豆的营养价值比较高，富含蛋白质、维生素和多种矿物质，被人们称为“绿金子”。

材料 四角豆150克（10根），蒜5瓣，干红辣椒4个，盐5克

做法

1. 蒜去皮切成薄片，辣椒切碎。
2. 将四角豆的头尾去掉，摘掉黄叶后洗净，斜切成薄片。
3. 锅中倒入清水，大火加热，水沸腾后加入少许盐和少许油，将四角豆倒入，焯烫20秒。
4. 捞出后必须放入冷水中浸泡，要不很容易变黑。
5. 炒锅稍热后倒入油，加热至七成热时，放入干红辣椒和一半的蒜片爆香。
6. 倒入沥干后的四角豆煸炒半分钟，加入盐继续炒半分钟，最后放入剩余的蒜片，翻炒均匀即可。

小米提示

四角豆可以用来炒，也可以经过焯烫后直接凉拌。但无论哪种做法，一定要确保四角豆熟透，避免食用不熟的四角豆导致食物中毒。还有就是四角豆口味清香，尽量不要添加酱油、鸡精等调味品。烹饪四角豆时要用水焯透，若用淡盐水泡一会儿再炒，口感会更好。

另类排毒搭配组合

山药苦瓜

苦瓜在蔬菜里属于形象、气质不佳，味道更是带着不招人喜欢的苦味，很长时间都没有得到人们的认可。后来人们发现它虽然外表不美，但营养成分好，而且现在苦瓜的苦味不像早年间苦得那么邪乎了，苦中带着清香。其实只要不抵触就会发现，苦瓜的做法挺多，味道也不错呢！

材料 苦瓜1根，山药1根，豆豉10克，蒜2瓣，香葱2根，小米椒10克

做法

1 苦瓜洗净去子切片，山药切片，葱、蒜切末，豆豉剁碎，小米椒切圈。

2 锅中倒入水烧开，焯熟山药捞出。

3 锅中焯熟苦瓜捞出。

4 锅中倒入少许油，煸香葱、蒜末，放入豆豉炒出香味，放入小米椒炒匀，将山药、苦瓜翻炒均匀即可出锅。如果有点受不了苦瓜的苦味，可以加入少许白糖调味。

小米提示

山药切片后需立即浸泡在盐水中，以防止氧化发黑。

新鲜山药切开时会有黏液，极易滑刀伤手，可以先用清水加少许醋洗一下，这样可减少黏液。

山药质地细腻，味道香甜，不过山药皮容易导致皮肤过敏，所以最好用削皮的方式，并且削完山药的手不要乱碰，马上多洗几遍手，要不然就会抓哪儿哪儿痒。

Part 6 滋补汤羹

很多时候我们忙碌，压榨睡眠时间，没时间活动，造成身体亚健康。身体就是这样，我们认真地对待它，它也会还给我们一个健康的身心。时时体贴自己和家人，为自己也为家人熬一锅汤羹，在细水长流中体会亲情，在慢悠悠的时光里感受爱！

最佳补血单品

三红汤

三红汤顾名思义有三红：红豆、红枣、花生红衣。花生红衣就是从花生上剥下的红色花生衣，针对贫血、血小板低效果特别好，同时还有生发、乌发的效果。配方里的红豆、红枣、花生红衣都有补脾生血之功效，单用也有效，三味合用，更能增强补血作用。

材料 红枣3颗，花生红衣3克，红豆30克，红糖5克

做法

1. 红豆浸泡2小时（红豆因为比较难煮烂，需提前泡2小时）。
2. 红枣洗净去核。
3. 将红豆先下锅，大火煮开转小火。
4. 红豆煮至八成熟。
5. 将红衣和红枣放入一起煮开。
6. 改小火再炖10分钟，放入红糖后可直接喝。

小米提示

红枣煮汤时一定要去掉核，喝着省心，又甜，如果连核煮特别容易上火。还有就是一次不要煮太多，尽量煮完就一次喝光，不要剩下。

常喝可以养生保健

山药薏米羹

山药和薏米都是好东西，再配上枸杞、燕麦这些具有食补功效的食材，很多时候我都是下午熬上一锅，晚上每人来上一碗，配上几个清爽的菜。熬成粥后，每一粒米和食材都散发出自己本身质朴的香气，吃的时候特别有满足感。

材料 山药300克，薏米100克，枸杞10克，燕麦片20克，黄冰糖10克

做法

1. 提前将薏米用清水泡2个小时。
2. 将枸杞用清水泡10分钟。
3. 将山药去皮，切成菱形块。
4. 玻璃锅内倒入水，将薏米煮开。
5. 放入山药。
6. 大火炖开，加入黄冰糖。
7. 放入燕麦片，关火。
8. 最后放入泡好的枸杞即可。

小米提示

做这款羹的时候尽量找黄冰糖，因为黄冰糖比普通白冰糖含更多甘蔗的天然营养成分。还有一定要将薏米提前泡好，薏米本身特别不容易煮熟，而且要分阶段熬，不要一股脑把食材都放进去，最后出来的时候该烂的没烂，不该烂的都烂了，就没有了味道。

护肤必不可少

桃胶雪耳羹

这款汤一直被网友称赞，是护肤必不可少的一碗羹，经常喝会使皮肤变得更光滑。可以一周炖上一锅，冬天热着喝，夏天当饮料冰着喝。

材料 银耳1大朵，蔓越莓干10克，桃胶10克，冰糖10克

做法

1. 将银耳用清水泡发。
2. 桃胶需提前一天泡至软涨。
3. 将银耳和水放入锅中。
4. 放入桃胶，大火煮开后改小火继续煮30分钟，此时汤汁开始变得有些黏稠。
5. 再放入冰糖和蔓越莓干，边搅拌边煮3分钟，至冰糖彻底融化、汤汁浓稠即可。

小米提示

我做的时候主要是为了将汤和原料都能吃掉，所以没有加过多的水，如果喜欢喝汤可以多加些水。另外银耳和桃胶都是泡发能涨大的东西，桃胶体积大概能涨大10倍，因此不用放太多。泡发后的桃胶要仔细地将表面的黑色杂质去除，用清水反复清洗后，掰成均匀的小块。这些原料在普通药店或者淘宝上都有卖。

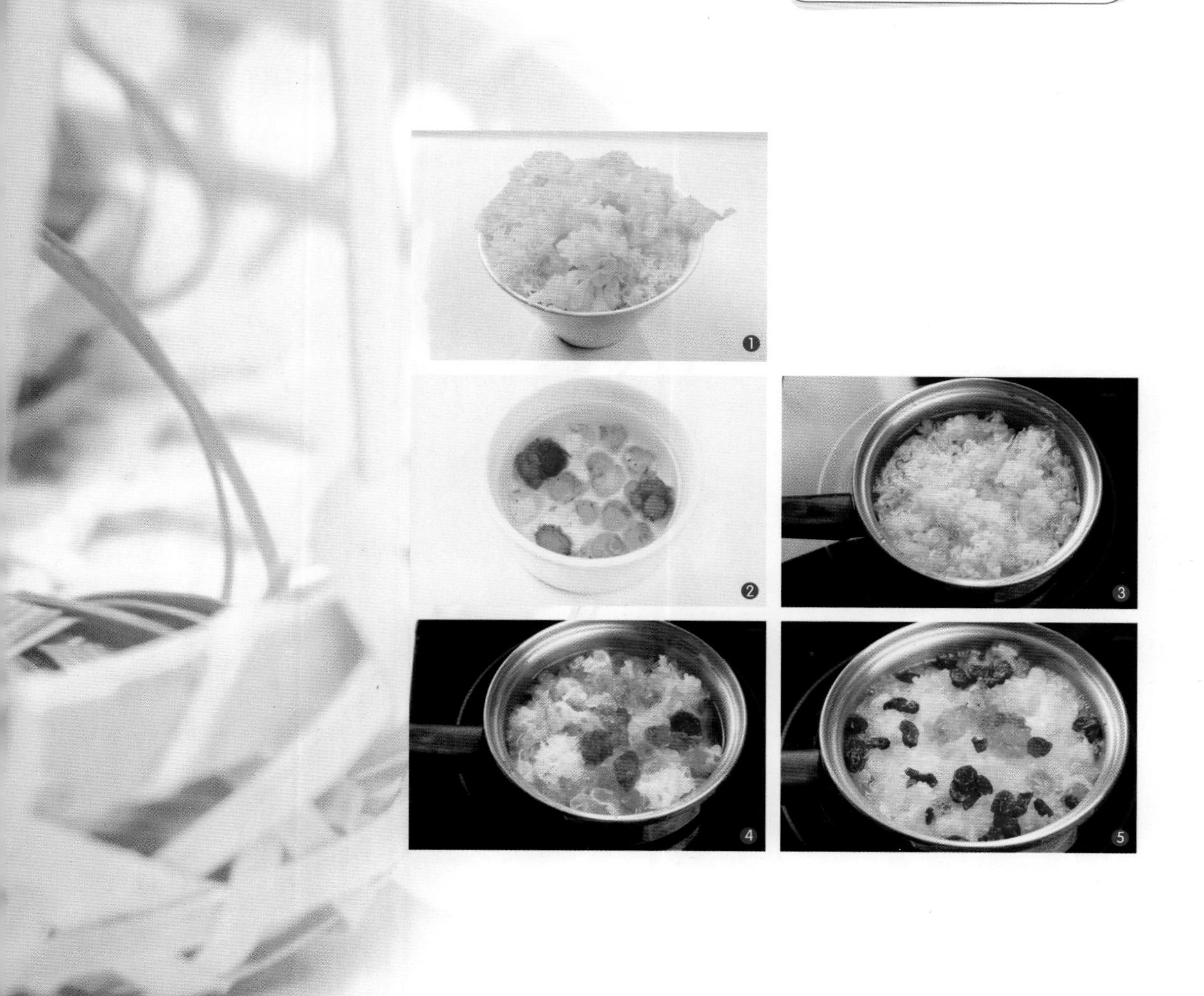

老少皆爱

椰浆草莓芒果水果粥

这款粥我觉得是老少皆宜。冬夏皆宜。冬天热着喝，夏天可以冰着喝，浇上牛奶沙冰当甜品，配上水果，健康又简单。就是家宴上您把它端出来也绝对是色香味俱全，特别赏心悦目。

材料 紫米50克，白米50克（紫米与白米的比例可以根据个人喜好而定），椰浆20克，草莓5个，芒果3个

做法

1 白米洗净泡水（熬粥用的白米最好是新米，弹性好，味道香），紫米也洗净泡好（紫米最好提前1小时就泡上，因为紫米相对白米来说比较硬）。

2 如果用压力锅可以将紫米先煮开，再放入白米熬，这样紫米烂时白米也熟了；如果像我这样用小锅熬，要先煮紫米，煮到紫米变大，吸足水分再加入泡好的白米熬。

3 煮紫米的时候我们可以先加工芒果（加工方法详见本书第9页），将芒果切成小块。

4 草莓对半切开。

5 将粥熬至黏稠。

6 将粥盛入小碗中。

7 晾凉后倒入椰浆。

8 放上切好的草莓。

小米提示

水果粥里的水果一定要等粥凉了再加。如果没有椰浆也可以用椰汁代替，觉得甜味不足的可以加糖或者蜂蜜调味。夏天的时候可以将粥冰一下，特别好喝。水果也可以根据自己的喜好更换！

益气补血

紫薯桂花红枣

传统医学认为，如果时常困倦就要多补阳气，多吃些健脾的食物，如大枣、山药、南瓜、土豆、红薯、紫薯、芋头，它们都是补脾的。现代人忙碌，缺乏睡眠，脾胃不和，经常用食补调理肠胃，效果还是不错的。

材料 紫薯1个，白米50克，紫米30克，红枣20克，薏米10克，糖桂花10克，黄冰糖少许

做法

1. 将薏米、紫米淘洗干净，提前用凉水泡好。
2. 白米洗净，提前半小时泡好。
3. 红枣洗净，用水泡好。
4. 紫薯洗净去皮，切成小丁。
5. 锅内倒入水，将泡好的薏米、紫米倒入锅中，大火煮开。
6. 关小火，放入白米。
7. 放入切好的紫薯丁，转小火慢慢煮透。
8. 加入糖桂花。
9. 加入少许黄冰糖。
10. 放入刚才泡好的红枣，开大火，烧开后即可盛入碗中。

小米提示

薏米和紫米都是比较难煮熟的，可以先泡2小时。另外粥一定要熬透，每种米都熟透了香味才能散发出来。

Part 7　健康主食

主食是一桌子好饭里最不能缺少的一样。家常的大家都会做，在这里挑了三个比较经典的主食。其实主食做得健康、好吃，关键就是用心！当你享受做饭这个过程的时候，你会觉得身心快乐！粗粮做的小馒头，香脆的芝麻酱糖饼，自己擀的蔬菜面条，你自己做出来的时候会有种特别大的成就感，这就是做饭带给你的快乐！

健康的味道

杂粮小馒头

现在很多人爱吃杂粮，觉得好吃又健康。这款杂粮小馒头只要我有时间就会蒸上一锅。不管是当早点、蘸果酱、抹蜂蜜还是直接吃都特别好吃。再不然就炸着吃，可以整个炸，吃着外面整层的脆皮，别提多香了。小时候我最不喜欢馒头和粥这两样东西，觉得吃着特别没味，现在偶尔拿一个馒头慢慢吃，越嚼越香，觉得吃出了粮食原始的味道。

材料 玉米粉50克，紫米粉50克，小麦粉350克，白糖1茶匙，30℃左右的温牛奶半碗，发酵粉3匙

做法

1. 和面的盆里倒入1小匙发酵粉。
2. 低温水化开酵母，让酵母充分溶解。
3. 将1碗小麦粉、半碗玉米粉、半碗温牛奶、1茶匙白糖、酵母水揉成光滑的面团。
4. 把紫米粉、1碗小麦粉、酵母水揉成团，剩下1碗半小麦粉揉成白面团。
5. 发酵好的面团充分排气，揉回原来大小，并且光滑不沾手。先将白面揉好后擀开，厚薄适中，大概1厘米厚，太薄层次不好，太厚不好卷。
6. 将玉米面擀成大片。
7. 将紫米面擀成大片。
8. 三种面团都擀开成片，白面最大，紫米面稍微小点，玉米面最小。
9. 像卷烙饼一样，把三种面卷起来，滚圆成直筒最好。
10. 将面卷顶刀切成大小相等的略长的形状。
11. 放置好进行二次发酵15分钟。二次发酵后，馒头圆滚并且掂起来轻巧，切面比刚做时凸起，饱满一些。
12. 锅里烧开水，放进一大碗凉水，把馒头屉放好（笼屉上刷油或放半湿屉布后再码放发好的馒头），中火蒸上20～25分钟，关火后不要揭开锅盖，等3分钟左右即可。

小米提示

这款小馒头吃着口感十分分明，散发着玉米香和紫米淡淡的甜香，因为用牛奶和面，还有牛奶的味道。可以做平时的主食或者当早点，蘸炼乳或者抹果酱都很好吃；也可以切片后用油煎一下，外酥里嫩。

纯手工自制

双色素面

这款面条做出来特别漂亮。除了这两种颜色，还有人用紫薯煮汤做出粉紫色的面条，既天然又好吃。自己擀的面条特别香，因为面和得滋润，面条也筋斗好吃，面条里还带着蔬菜的香气。

小米提示

胡萝卜和菠菜的碎末可以用来包饺子或者炸素丸子，面条的宽窄粗细也能自己控制。

材料 菠菜10棵，胡萝卜1根，香菇4个，西红柿1个，面粉500克，盐3克

做法

1. 菠菜洗净，沥干水分。
2. 放入开水锅中焯熟捞出。
3. 香菇切花。
4. 西红柿切大片。
5. 菠菜切段，胡萝卜切段。
6. 菠菜放入打碎机直接打碎，捞出菠菜碎。
7. 胡萝卜放入打碎机直接打碎，捞出胡萝卜碎。
8. 把胡萝卜碎放在一边，只留汁。
9. 菠菜也只留汁。
10. 两种汁里分别放入面粉搅拌。
11. 用菠菜汁和成菠菜面团。
12. 用胡萝卜汁和成胡萝卜面团。
13. 将两种面团略饧30分钟。
14. 将胡萝卜面团擀成大薄片。
15. 撒上干面粉。
16. 跟叠被子似的叠成小块。
17. 切成面条。
18. 切好的面条晾在一边。
19. 将菠菜面团擀成大薄片。
20. 如16叠好后切成面条。
21. 也晾在一旁。
22. 锅烧热倒入少许油煸香西红柿，放入盐。
23. 放入香菇。
24. 加入热水，煮开后放入两种颜色的面条。
25. 快煮熟时加入两片菠菜叶子，待菠菜变软出锅即可。

酥香流油

芝麻酱糖饼

小时候，我爸爸爱钓鱼，头天晚上烙了糖饼，第二天搓在鱼钩上，鱼准保一钓一个准。但我经常都不给鱼这机会，爸爸烙完了我就冲上去塞在自己嘴里，那叫一个香，一个甜，一个脆，一点也不比稻香村的点心差啊！鱼没吃上，都进我肚子了，老爸只能用大早上挖的蚯蚓钓鱼了。今儿咱就来这道芝麻酱糖饼，焦而不脆，甜而不腻，香而不俗，我的大爱。

材料 面粉500克，温水350克，红糖30克，芝麻酱50克，香油10克

做法

1. 温水和面，和成较软的面团。
2. 将芝麻酱和香油拌匀，稍微浓一些。
3. 饧好的面团擀成大片的长薄面片。
4. 在擀好的面皮上涂上芝麻酱。
5. 再撒擀碎的红糖在上面。
6. 将面一层层折好。
7. 团成饼团，略微饧一会，要不会擀不开。
8. 将饼团擀开成圆饼。
9. 电饼铛中倒入少许油，放入饼，盖盖。
10. 翻面前刷少许油，两面烙熟即可，取出切块。

小米提示

第1步和好面后要饧半小时，就是用湿布盖上，在边上放一会儿。饼折得越多，层就越多。第5步的时候，撒完红糖再撒少许干面粉在上面，可防止红糖化了流出来。

Part 8 零七碎八的素食

其实做饭的乐趣有时候甚至大于吃饭的乐趣。当你在一个恬静的午后为家人烤上香喷喷的红薯，在周末孩子们欢声笑语的时候烤上甜甜的栗子，炉子上熬制着酸甜的山楂糕，家宴的餐桌上来一道拔丝白薯，看着吃的人脸上露出满足的笑容时，心里立刻甜似蜜。人生的快乐往往在于给予，予人玫瑰，手留余香！在平凡的日子里感受点滴温馨！

纯天然零添加

苹果醋

时间很神奇，一天貌似短暂，其实也很长，有些人改变，有些事发生，即使是一瞬间,也可能让你终身难忘。时间也是剂良药，让你愈合，让你清醒。时间还可以让食物发酵，让简单的食材变成更令人惊叹的美味，比如葡萄酒、奶酪等，当然还有家常的咸鸭蛋，甚至我们爱吃的泡菜，经过食材的搭配、时间的沉淀，一点点变成了经久不衰的美食。我今天要做的苹果醋，也是需要时间改变的“佳酿”。

材料 冰糖500克，白醋（糯米醋）1瓶，苹果（越脆越好）5个

工具 2升的密封壶

做法

1. 先将苹果洗净，擦干表皮的水分, 用刮皮器去除苹果皮。
2. 再用刮皮器一层层地削，这样可以让苹果的味道得到充分发挥。剩下的苹果核不要放在里面。
3. 削好的苹果放在容器里。
4. 将削好的苹果一点点地放入密封的瓶子中。
5. 一层苹果一层冰糖，将最后一层冰糖倒入盒中，压在苹果上，这样可避免苹果氧化变色。
6. 放入白醋，摇晃盒子，尽量让每块苹果沾上白醋，一周后取出即可饮用。

小米提示

每次倒出饮用后，盖好盖放回冰箱保鲜室中，可保存半年以上。我最喜欢的一种喝法就是把苹果醋从冰箱里拿出来，放上冰块，冰鲜酸爽极其过瘾。怕酸的朋友在喝的时候可以按1：1的比例加水，或者加蜂蜜，口感比那些冷饮更好，既开胃、减肥，做法又简单，关键咱们用的都是真材实料。

中式甜品

拔丝红薯

小时候零食少，能吃上拔丝红薯就觉得很不错了。看着白糖在妈妈手中化成那晶莹不断的丝，我们就会像过节一样端着凉水碗等着吃了。一直无法忘却的这些美食，时不时地勾起我的馋虫。感谢妈妈留给我一生可以回味的味道。

材料 红心红薯1个，冰糖50克，油少许

做法

1 红薯洗净去皮，切成3厘米大小的滚刀块，放入清水中浸洗（主要是洗去表面的淀粉，防止一会儿一炸就变黑），捞出沥干水分。

2 锅置旺火上，将油烧至五六成热时，放入红薯块炸。

3 炸至红薯块充分成熟、外表金黄变硬时捞出。

4 锅内留少量油，放入冰糖，加少许水，小火翻炒至冰糖开始慢慢融化。

5 开始融化时颜色较浅，并有大的泡泡。

6 全部融化以后颜色变浅，有大的泡泡，注意火候，温度不要太高。

7 此时糖已经变成金黄色，开始变得黏稠有些力度了，有的地方气泡变没了，这就要注意了，温度高了糖就会变苦成焦糖了。

8 这时候，放入炸好的红薯块，迅速炒均匀即可出锅装盘。

小米提示

盘子上刷一点香油可以避免糖凉了粘在盘子上不好清理。另外，准备一碗凉开水，吃拔丝红薯的时候，先在里面蘸一下，不会烫着嘴。另外，用冰糖炒制的糖色会更红亮，焦糖的味道也会更浓些，但是与白糖相比炒制时间会更短。

香香甜甜

蜂蜜烤栗子

初冬的北京并不是很冷，如果没有雾霾和大风的话，北京的晴天特别轻暖，我有时候觉得这样轻暖的味道才是北京真正的味道。最让我喜欢的是这个季节北京街头的那些小吃，热腾腾的烤红薯，香喷喷的烤栗子，还有冰凉脆甜的糖葫芦，每每闻到这样的香气我就觉得特别香甜舒服。

材料 新鲜的生栗子500克，蜂蜜10克，白糖10克，植物油10克

做法

1. 板栗洗净晾干，用刀在每个板栗上面竖着切一刀(将表皮切穿)，再横着切一刀。
2. 切好的栗子放入大盆中，倒入1大勺植物油，我用的是橄榄油。
3. 搅拌栗子，使每一个栗子表面都均匀裹上油。
4. 烤盘铺上烘焙用纸，把栗子平铺进烤盘，放进预热至200℃的烤箱。
5. 白糖和水混合，隔水加热搅拌，使白糖完全溶解在水里，成为糖水（糖的用量可根据个人喜好调节）。栗子放入烤箱烤25分钟左右后取出，用毛刷蘸上糖水；刷在栗子表面 (边刷边翻动栗子，最好糖水能刷在每个栗子的裂口处) 。
6. 刷好糖水以后，再在每个栗子表面刷上一层蜂蜜，继续放进烤箱，烤5分钟即可。

小米提示

最好每个栗子都切上口，这样在烤箱里第一不会溅，第二烤完的栗子特别容易剥。在切口的地方最好都能刷上油，这样烤完的栗子不容易干，每个都香甜松软。

自制健康零食

山楂糕

每年一到山楂上市的时候，我就自己熬上一大锅，然后晾凉当零食或者当果酱吃，特别开胃。自己家做的特别健康，除了糖和水，一点其他东西都没添加。

材料 山楂500克，白糖100克，水500克

做法

1. 山楂洗净，一定要中间横着一刀切开，把子挤出来。
2. 锅中放水烧开，放入山楂。
3. 大火煮开，至山楂变软。不要盖盖，不然颜色会不美。
4. 继续煮，不断搅拌直到黏稠一些。
5. 放入白糖，也可以放冰糖。
6. 继续搅拌直到变得很黏稠了。
7. 盛出来放在碗中晾凉。
8. 等到稍微凉一些时迅速扣入模具中，脱模即可成型，撒上几个甜杏仁就可以吃了。

小米提示

山楂糕口感酸甜绵软，能健胃消食，特别对消肉食积滞有很好的作用。山楂还能防治心血管疾病，具有扩张血管、增加冠状动脉血流量、改善心脏活力、兴奋中枢神经系统、降低血压和胆固醇、软化血管、利尿和镇静的作用。

鲜甜无敌

烤红薯

冬天的街头有很多卖烤红薯的推车，香甜的味道弥漫在整条街上。但是真正好吃的并不多，不知道为什么，他们烤出来的红薯都是卖相好，吃着一点也不焦甜。后来才知道他们为了省火经常先煮了红薯再烤，这样的烤红薯徒有其表，味道差远了。我就想吃把皮洗得干干净净完完全全的烤红薯，那个鲜甜无敌啊。

材料 小个红薯5个

做法

1. 红薯洗净，用纸巾擦干。
2. 把红薯放入烤箱，230℃预热5分钟。
3. 烤箱温度设置在230～250℃之间，烤100分钟，期间翻两次面即可。

小米提示

用烤箱烤的红薯不要个头太大，另外红薯晾上两天再烤会更甜。新红薯水分比较多，烤的时候不仅费电，而且不是很甜。如果想烤出水分比较多又松软的红薯，也可以把红薯用锡纸包好后放进烤箱烤。

1

2

3

分享一点收拾厨房的好方法

养成收纳好习惯

一直想写篇关于干货收纳的文章，老早就拍出图片，却一直没有空。好多刚刚入门的朋友常常叹息收藏食材是个苦差事，我想告诉大家还真不是难事，一开始花点心思，后面的事就简单多了。比如在干货和杂粮收纳这块，我一直用保鲜盒来储藏，一是不容易返潮，二是东西清晰整齐，关键是还可层叠起来节省地方。整整齐齐地码放在橱柜里，我觉得还真是件特有成就感的事。

好习惯一旦养成，厨房这块地方也能收拾得赏心悦目。各种家里的小零食，尤其是薯片、开心果这种酥脆的食品，打开后吃不完特别容易受潮，放在保鲜盒里可保持脆感和美味。

别人送的大红枣，以前放在柜子里特别容易长虫子，现在我都是洗干净，用厨房用纸擦干，再放进保鲜盒里，吃的时候直接拿出来就行了。少了那些碍手碍脚不干净的塑料袋，厨房变得相当清爽。

买回来的木耳，第一次打开后放在塑料袋里，以后每次再拿很不方便，还容易撒，放在保鲜盒里一目了然。

将干榛蘑放在保鲜盒里面能有效防潮防虫，香味不散失。

每次买回来的各种杂粮，先曝晒几小时杀死虫卵，再放进保鲜盒里。

杂粮放进保鲜盒里就不怕生虫子、返潮或者碰撒了。